乡村振兴战略·浙江省农民教育

浙江茭白

浙江省农业农村厅 编

浙江大学出版社
·杭州·

图书在版编目(CIP)数据

浙江茭白/浙江省农业农村厅编. —杭州：浙江大学
出版社，2023.4

（乡村振兴战略·浙江省农民教育培训丛书）

ISBN 978-7-308-23598-3

Ⅰ.①浙… Ⅱ.①浙… Ⅲ.①茭白-蔬菜园艺
Ⅳ.①S645.2

中国国家版本馆CIP数据核字(2023)第054352号

浙江茭白

浙江省农业农村厅 编

丛书统筹	杭州科达书社
出版策划	陈　宇　冯智慧
责任编辑	陈　宇
责任校对	赵　伟　张凌静
封面设计	三版文化
出版发行	浙江大学出版社
	（杭州市天目山路148号　邮政编码 310007）
	（网址：http://www.zjupress.com）
制作排版	三版文化
印　　刷	杭州艺华印刷有限公司
开　　本	710mm×1000mm　1/16
印　　张	10.75
字　　数	180千
版印次	2023年4月第1版　2023年4月第1次印刷
书　　号	ISBN 978-7-308-23598-3
定　　价	70.00元

丛书序

　　乡村振兴，人才是关键。习近平总书记指出，"让愿意留在乡村、建设家乡的人留得安心，让愿意上山下乡、回报乡村的人更有信心，激励各类人才在农村广阔天地大施所能、大展才华、大显身手，打造一支强大的乡村振兴人才队伍"。2021年，中共中央办公厅、国务院办公厅印发了《关于加快推进乡村人才振兴的意见》，从顶层设计出发，为乡村振兴的专业化人才队伍建设做出了战略部署。

　　一直以来，浙江始终坚持和加强党对乡村人才工作的全面领导，把乡村人力资源开发放在突出位置，聚焦"引、育、用、留、管"等关键环节，启动实施"两进两回"行动、十万农创客培育工程，持续深化千万农民素质提升工程，培育了一大批爱农业、懂技术、善经营的高素质农民和扎根农村创业创新的"乡村农匠""农创客"，乡村人才队伍结构不断优化、素质不断提升，有力推动了浙江省"三农"工作，使其持续走在前列。

　　当前，"三农"工作重心已全面转向乡村振兴。打造乡村振兴示范省，促进农民、农村共同富裕，浙江省比以往任何时候都更加渴求

人才，更加亟须提升农民素质。为适应乡村振兴人才需要，扎实做好农民教育培训工作，浙江省委农村工作领导小组办公室、省农业农村厅、省乡村振兴局组织省内行业专家和权威人士，围绕种植业、畜牧业、海洋渔业、农产品质量安全、农业机械装备、农产品直播、农家小吃等方面，编纂了"乡村振兴战略·浙江省农民教育培训丛书"。

此套丛书既围绕全省农业主导产业，包括政策体系、发展现状、市场前景、栽培技术、优良品种等内容，又紧扣农业农村发展新热点、新趋势，包括电商村播、农家特色小吃、生态农业沼液科学使用等内容，覆盖广泛、图文并茂、通俗易懂。相信丛书的出版，不仅可以丰富和充实浙江农民教育培训教学资源库，全面提升全省农民教育培训效率和质量，更能为农民群众适应现代化需要而练就真本领、硬功夫赋能和增光添彩。

中共浙江省委农村工作领导小组办公室主任

浙江省农业农村厅厅长

浙江省乡村振兴局局长　　王通林

2023 年 3 月

前　言

　　为了进一步提高广大农民的自我发展能力和科技文化综合素质，造就一批爱农业、懂技术、善经营的高素质农民，我们根据浙江省农业生产和农村发展需要及农村季节特点，组织省内行业首席专家和行业权威人士编写了"乡村振兴战略·浙江省农民教育培训丛书"。

　　《浙江茭白》是"乡村振兴战略·浙江省农民教育培训丛书"中的一个分册，全书共分五章，第一章是产业概况，主要介绍茭白的起源与分布、生物学特性及类型、浙江省茭白产业现状；第二章是效益分析，主要介绍茭白的营养价值与经济价值、社会及生态效益、市场前景及风险防范；第三章是关键技术，着重介绍茭白的优良品种、种苗繁育、栽培技术、病虫防治、高效模式、秸秆利用、储运加工；第四章是选购食用，主要介绍茭白的选购技巧和食用方法；第五章是典型实例，主要介绍十二个省内农业企业从事茭白生产经营的实践经验。

　　本书内容广泛、技术先进、文字简练、图文并茂、通俗易懂、编排新颖，可供广大农企业种植基地管理人员、农民专业合作社社员、家庭农场成员和农村种植大户学习阅读，也可作为农业生产技术人员和农业推广管理人员的技术辅导参考用书，还可作为高职高专院校、农林牧渔类成人教育等的参考用书。

目 录

第一章　产业概况

茭白系多年生宿根水生草本植物。栽培生态型茭白按感光性不同，可分为单季茭和双季茭两大类；按菰黑粉菌的侵染情况不同，可分为正常茭、雄茭和灰茭。茭白的生长周期可分为萌芽期、分蘖期、孕茭期和休眠期四个时期。浙江省茭白分布广泛，品种丰富，模式多样，年种植面积约44万亩。

一、起源与分布

茭白系禾本科菰属多年生宿根水生草本植物，别名有茭笋、茭瓜、菰笋、菰手、绿节等。茭白起源于中国，由菰经人工培养而来，目前主要分布在中国，日本和东南亚部分国家也有少量栽培。菰米、菰菜和茭白肉质茎是茭白植株产出的三种不同产品。菰开花结实，其籽粒即为菰米。茭白萌发的新芽、嫩茎称为菰菜，俗称茭儿菜。菰黑粉菌侵染茭白植株，刺激植株分泌多种内源物质，只有茎尖组织充实的数节才能形成膨大的白嫩肉质茎，即茭白。《周礼》将菰米列为"六谷"之一。秦汉以前，菰作为谷物在我国部分地方种植，因菰米产量不高、品质独特而成为珍品，仅供王公贵族享用。唐代著名诗人李白曾对菰米作过赞美，"滑亿雕胡饭，香闻锦带羹"。战国时期，浙江省湖州市因"溪泽菰草弥望"而被称为"菰城"。晋代葛洪的《西京杂记》记载，西汉皇宫"太液池边，皆是彫胡紫萚绿节之类。菰之有米者，长安人谓之彫胡。菰之有首者，谓之绿节"。这些都是比较原始的有关茭白的记载。宋代吴自牧著的《梦粱录·菜之品》中也出现过"茭白"，说明当时已把茭白作为商品菜生产。

16世纪以前，茭白只在每年秋季采收一次，即单季茭白。随着种植技术水平的不断提高，茭白选种技术也在不断改进。16世纪以后，在茭白种植比较集中的太湖流域出现了当年秋季和翌年夏季集中采收两次的茭白，即双季茭白，太湖流域的茭白产业也因此得到了较快的发展。太湖地区的茭白种植资源和经验十分丰富，双季茭白逐渐分离出两个品种群：一是秋茭较早熟、夏茭较迟熟的高温孕茭型品种群，主要以无锡地区的品种为代表，亦称无锡类型品种群；二是秋季较迟熟、夏季较早熟的低温孕茭型品种群，主要以苏州地区的品种为代表，亦称苏州类型品种群。

目前，我国茭白种植区域主要分布在长江流域和珠江流域之间，尤以长江中下游地区最为集中，其次为岭南地区和西南地区，黄淮流域及其以北地区种植面积极小，台湾省也有少量种植。茭白规模产区主要在浙江、安徽、福建、贵州、云南、江苏、上海等地，种植面积约 110 万亩。其中，浙江省茭白分布广泛、品种丰富、模式多样，年种植面积约 44 万亩；安徽省年种植面积约 15 万亩；福建省年种植面积约 10 万亩。近几年，西南地区的贵州、云南、四川等地的茭白产业发展较快，年种植面积已接近 10 万亩，成为国内新兴起的茭白产业基地。

 **复习思考题**

1. 茭白起源于哪个国家？栽培茭白主要分布在哪些国家和地区？
2. 栽培茭白主要分为哪两大类型？
3. 目前，我国茭白主产区主要分布在哪些省份？哪个省的茭白种植规模最大？

二、生物学特性及类型

（一）植物学特征

茭白植株高大，通常高 150~240 厘米，由根、茎、叶等部分组成（见图 1.1）。茭白植株受到菰黑粉菌侵染后，其茎尖组织充实的数节才能形成膨大的肉质茎，即供食用的茭白产品。茭白植株由于长期在水中生长，故根、茎、叶中的通气组织较发达，耐旱性较差。

1. 根

茭白植株的直立茎和根状茎上均有须根，其主要功能是吸收养分、水分和固定植株。每个直立茎的节上通常有 10~30 条须根，每

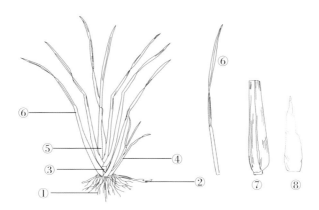

①根系；②地下根状茎；③直立茎；④分蘖；⑤肉质茎；⑥叶；⑦壳茭；⑧净茭

图1.1 茭白植株及肉质茎示意

个根状茎的节上有5~10条须根，须根长可达70厘米。须根正常寿命约1个月。新生根呈白色，吸收功能强；后渐变成黄褐色，吸收功能下降，直至变黑死亡。根的颜色可作为判断植株长势强弱的一个指标：白根多、粗壮，则植株长势旺盛；黑根多、根系细弱或根尖呈褐色，则植株长势不良。根系主要分布在深30厘米、横向半径为40厘米的土壤中。因此，种植茭白的田块要求耕作层深厚，以土质肥沃、保水保肥能力强的黏壤土或壤土为宜。

2. 茎

茎分直立茎、根状茎和肉质茎三种。直立茎直立生长，其节上腋芽萌动，形成分蘖。拔节前，直立茎短缩，节间长度多在1厘米以下，一般不超过3厘米；拔节后，节间长度明显变长，最长可达10~30厘米，而且单季茭白的节间长度较长，双季茭白的节间长度较短。直立茎达到7~10节时，如果养分积累充足、光温条件适宜，菰黑粉菌就会侵入直立茎顶端并大量繁殖，刺激植株分泌多种内源物质，进而形成膨大的肉质茎，即茭白。肉质茎通常有3~5节，第1节至第3节是主要的食用部分。肉质茎的形状、光滑度、大小、隐芽颜色等是区别茭白品种的主要特征。茭白进入休眠期后，地上部分的直立茎多干枯死亡,而地下部分仍保持生命力。根状茎由地下直立茎上的腋芽萌发形成,在土壤中近水平生长,粗1~2厘米,节数最多可达16节以上,当第二年气温回升到5℃以上时向上生长,形成单生或2~5株丛生,即游茭。

3.叶

叶由叶片和叶鞘两部分组成。叶鞘较厚,一般长40~60厘米,从地面向上层互相抱合形成"假茎"。叶互生,长披针形,成熟植株叶片长120~200厘米,宽3~5厘米,具纵列平行脉。叶片和叶鞘相接处的外侧称叶颈,也称"茭白眼",灌水时切记不能淹过茭白眼。叶片和叶鞘相接处的内侧有一个三角形膜状突起物,称"叶舌",其可减少异物落入假茎。茭白叶片的主要功能是进行光合作用,故要想茭白高产,则必须保持一定的绿叶数,叶片过多易造成田间荫蔽,降低光合效率,诱发病虫害。一般最大叶面积系数不超过6。

4.花和种子

一般情况下,野生茭白(见图1.2)于6—10月抽穗开花,圆锥花

图1.2 野生茭白

序，1次枝梗的中上部小穗多为雌花，1次枝梗的中下部小穗多为雄花。种子成熟后，颖壳呈黄色或淡黄色，易落粒。种子去颖壳即为菰米，呈长圆柱形，长0.6~1.2厘米，成熟后呈褐色或黑褐色。栽培茭白变异形成的雄茭亦能抽穗开花，但结实率很低。一般情况下，植株开花了就不能孕茭，因此在繁殖过程中应予以淘汰。

（二）生育期

茭白的生长发育周期，大致可分为萌芽期、分蘖期、孕茭期和休眠期四个时期。

1. 萌芽期

从越冬期间茭墩休眠芽开始萌发至长出4片真叶的这段时期为萌芽期（见图1.3）。越冬期间，茭白的地上部分枯死，茭墩上的直立茎和根状茎在土壤中越冬，第二年春季气温回升到5℃以上时，根状茎和直立茎节上的休眠芽利用种墩储藏的养分，先后萌发，抽生具有2~3个芽鞘、1片不完全叶的幼苗。随着气温回升，抽生的真叶以及不定根会形成新的植株，新根开始吸收营养，叶片具有光合作用功能。双季茭白，每个茭墩抽生40~100株茭苗；单季茭白，每个茭墩抽生10~30株茭苗。气温在5~10℃时，出叶速度缓慢，约每10天抽生1片新叶，叶片呈黄绿色；气温在15~20℃时，约每7天抽生1片新叶，叶片呈绿色。茭白出叶速度的快慢、叶面积的大小、叶色的深浅等，除了与温度、光照条件有关，还与品种、养分供应等因素有关。一般情况下，根状茎萌芽时间比直立茎早7~10天，根状茎萌发的新芽长势亦强于直立茎萌发的分蘖芽。根状茎萌动顺序是顶芽先萌芽，然后依次向下生长，长势也是顶芽最强，由此形成的分株通常称为"游茭"，生产中常去除。土壤表面以下的直立茎萌动顺序是中部芽先萌动，然后上部、下部的芽再先后萌动，故中部芽的质量最佳。为使直立茎萌芽早且整齐，冬季宜齐泥割茬，田间保持湿润或保持3厘米以下浅水。

图1.3　茭白萌芽期

2. 分蘖期

　　从基本苗真叶数达到4叶龄开始至茭白拔节、孕茭为止的这段时期为分蘖期（见图 1.4）。不同品种、不同生态类型、不同种植环境以及不同肥水供应情况均会影响分蘖期的长短。分蘖期的适宜温度为15～30℃。茭苗达到4叶龄以上时，即形成第一级分蘖；第一级分蘖达到4叶龄以上时，又能形成第二级分蘖。单季茭白分蘖率低，双季茭白分蘖率高。秋季，双季茭白每丛可形成分蘖 10～15 个，但生产上一般保留 8月下旬以前形成的大分蘖 6～8 个，栽培上常通过科学施肥、搁田或灌溉 20 厘米以上深水等方法控制无效分蘖的数量，培育大分蘖，提高有效分蘖率，促进茭白优质、高产。春季，老茭墩抽生的茭苗和游茭数量可达 40~100 个，如果留苗数过多、过密，养分供应不集中，则茭苗细弱、孕茭率低、商品性差，故生产上通过分次间苗、定苗，除去过密、较弱的茭苗来培养大苗和壮苗。一般情况下，双季茭白的夏茭，每个茭墩保留 15~20 株粗壮茭苗；单季茭白每个茭墩保留 6~8 株粗壮茭苗。

图 1.4 茭白分蘖期

3. 孕茭期

从拔节开始至茭白肉质茎采收为止的这段时间为孕茭期，达 30~50 天（见图 1.5）。孕茭期的适宜温度为 15~25℃，低于 10℃或高于 30℃均不能正常孕茭，这是因为刺激茭白肉质茎膨大的菰黑粉菌菌丝体的适宜生长温度为 15~25℃。当茭白直立茎生长到 7~10 节时，如果养分积累充足，光温条件适宜，均有可能孕茭。单季茭白，一般在 8 月上旬至 9 月上旬孕茭，但在冬暖夏凉的高海拔地区或水库下游等

图 1.5 茭白孕茭期

冷凉田地，可提前至7—8月孕葭。双季茭白，一般秋季定植，当年9—10月孕葭，经过冬季休眠，春季萌发，于第二年春、夏季第二次孕葭。孕葭初期，植株叶色变淡，叶鞘抱合而成的假茎呈扁平状，称扁秆。扁秆后5~7天，基部开始膨大，叶鞘上端茭白眼位置紧束，叶片长度依次递减，倒2叶、倒3叶的叶颈齐平，倒1叶明显缩短。随着茭白肉质茎的膨大，假茎露出茭肉，称露白，此时为茭白采收适期（茭白采收期）。孕葭期需要消耗大量的养分，故需要根据茭白群体发育进程，科学追肥。

4. 休眠期

室外气温下降到10℃以下时，茭白植株地上部分长势渐缓，叶色渐黄，植株地上茎叶中的养分向地下直立茎、根状茎和根系转移，地下直立茎茎节上形成分蘖芽，地下根状茎形成分株芽，芽外面被层层革质的鳞片包裹，形成保护幼芽越冬的芽鞘。室外气温下降至5℃以下时，地上部全部干枯，茭白进入休眠期（见图1.6），而分蘖芽和分株芽则在土中休眠越冬。

（a）休眠期的植株　　　　　　（b）休眠期的幼芽及芽鞘

图1.6　茭白休眠期

（三）环境条件

1. 温度

茭白在不同生长阶段对温度的要求不同。休眠期，相对低温更利于春季茭白的正常生长和孕茭，有利于提高茭白品质，也就是说，茭白需要满足一定的需冷量才能健康生长。萌芽期最低温度在5℃以上，以10~20℃为宜；分蘖期适温为15~30℃；孕茭期适温为15~25℃，低于10℃或高于30℃，茭白都不会孕茭。低于5℃时，茭白肉质茎表皮皱缩、顶部1~2节易出现水渍状冷害，品质下降；而高于30℃时，茭白肉质茎明显短缩，商品性下降。如遇35℃以上的高温天气且持续时间过长，则茭白孕茭停滞，出现大面积不孕茭等情况。孕茭期昼夜温差大有利于茭白肉质茎的营养积累。

2. 水分

茭白作为一种水生蔬菜，不仅对水的量有要求，还对水的质量有要求。在茭白的整个生长过程，除了分蘖盛期搁田控制分蘖、休眠期适当搁田以外，田间均宜保持一定的水位。其中，早春苗期保持3~5厘米浅水，以利于提高水温和土温，促进分蘖生长；秋季苗期保持20厘米左右深水，以利于降低水温，提高种苗成活率；分蘖、孕茭期和采收期保持深10厘米左右的水位为宜。整个生长发育期的最高水位一般不宜超过35厘米深。在茭白的孕茭期和采收期，田间灌溉充足、清洁的水源非常有利于茭白丰产；对于单季茭白，若在孕茭期流动灌溉20℃以下的冷凉水，则不仅可以促进茭白提前孕茭，实现反季节生产，还可以明显提高茭白品质。

3. 光照

茭白的生长和发育都需要充足的光照，但在夏季孕茭期和采收期，若光照强度超过5万勒克斯，则易导致茭白表皮变青，品质下降。茭白由菰经人工培育而来，菰原为短日照植物，只有在日照时间渐短时才能抽生花茎。单季茭白依然保持了这一特性，而双季茭白对日照长短的要求不严格，只要养分积累充足，满足孕茭适宜的温度和光照强度需求，加强肥水管理，在长日照和短日照条件下均可孕茭。

4. 土壤及营养

茭白植株高大、生长期长、生物产量高，需要消耗大量的营养物质，故栽培田块应以土层深厚、土质肥沃、富含有机质、pH 值为 5.5~7.5 的壤土或黏壤土为宜。茭白对氮、钾元素需求量较高，磷元素可适当配置，高产田块每个生长季节每亩（1亩≈ 667平方米）需吸收纯氮约 20 千克，氮∶磷∶钾元素的施用比例以（1.0~1.2）∶0.5∶1.0 为宜。

（四）茭白类型

浙江省的茭白栽培历史悠久，地方优良品种丰富，新品种不断涌现，为浙江省乃至全国茭白品种的改良更新做出了重要的贡献。茭白通常可分为野生生态型和栽培生态型两大类。根据感光性和菰黑粉菌侵染情况，栽培生态型茭白又可分为以下几种。

1. 根据感光性不同，分为单季茭白和双季茭白

（1）单季茭白。单季茭白又称一熟茭，对日照长度敏感，通常在秋季日照时长渐短后才能孕茭，因此，在春季定植后，通常只在秋季采收 1 次，对水肥条件要求较低。单季茭白一般植株高大，分蘖力较弱，肉质茎较长，适宜种植的区域较广泛 [见图 1.7(a)]。在我国，从北京到广州、从台湾到四川均有栽培。浙江省主栽的单季茭白品种有金茭 1 号、丽茭 1 号、余茭 3 号、美人茭、八月白等，以在海拔400~1000 米山地规模种植为主，平原地区除了在丽水市缙云县大规模种植以外，各地多以零星分布为主。

（2）双季茭白。双季茭白又称两熟茭，对日照长度不敏感，对温度及水肥条件要求高。一般定植当年秋、冬季采收 1 次，称秋茭；翌年春、夏季采收 1 次，称夏茭。双季茭白植株相对矮小，分蘖能力强，肉质茎粗短 [见图 1.7(b)]。双季茭白生长适应范围相对较窄，一般

（a）单季茭白植株和肉质茎

（b）双季茭白植株和肉质茎

图1.7　单季茭白、双季茭白植株和肉质茎的形态比较

适宜在气候暖和、空气比较湿润的环境栽培。浙江省主栽的双季茭白品种有浙茭3号、浙茭6号、浙茭7号、浙茭8号、龙茭2号、余茭4号、浙茭911等。

2. 根据菰黑粉菌的寄生情况不同，分为正常茭、雄茭和灰茭

（1）正常茭［见图1.8（a）］。茭白在萌芽期、分蘖期正常生长的情况下，节间数能达到7～10节。如果营养积累充足，光温条件适宜，菰黑粉菌侵染到直立茎顶端并大量增殖，刺激植株分泌多种内源物

质，茎尖数节即可形成白嫩饱满的肉质茎。正常茭植株长势中等。

（2）雄茭 [见图 1.8(b)]。菰黑粉菌不能寄生到茭白植株中，茭白茎尖数节不能充实和膨大，故不能形成具有商品价值的茭白。此外，在孕茭期施用某些杀菌剂可抑制或杀死已经寄生在茭白植株中的菰黑粉菌而造成人为"雄茭"。雄茭植株高大，长势旺盛，叶片宽，叶色绿，多数植株会开花，不一定结实。

（3）灰茭 [见图 1.8(c)]。部分茭白植株孕茭后，肉质茎内部充满菰黑粉菌的厚垣孢子而不能食用，即为灰茭。与正常茭比较，大部分灰茭植株较矮，叶色深绿，叶鞘暗绿色，肉质茎以下的直立茎较短，肉质茎细小。但少量灰茭植株的植物学形态特征与正常茭相似，在选留种过程中要特别注意甄别。浙江大学郭得平等研究认为，产生灰茭的菰黑粉菌可能属于不同的生理小种。

　　（a）正常茭　　　　　　　　（b）雄茭　　　　　　　（c）灰茭

图1.8　正常茭、雄茭、灰茭结茭情况比较

复习思考题

1. 茭白的茎分哪几种？

2. 茭白孕茭期适宜的温度范围是多少？

3. 哪种农事操作不当容易形成雄茭？

三、浙江省茭白产业现状

2000年以来，浙江省茭白种植面积超过江苏省，跃居国内首位。近20年来，浙江省产学研密切合作，茭白新品种、新技术不断涌现，产品质量与产业效益协调发展，规模化、产业化、品牌化格局特色鲜明。

（一）品种加快更新换代

2000年以来，浙江省育成并推广了12个优质高产茭白新品种，其中单季茭白品种包括金茭1号、金茭2号、丽茭1号、余茭3号等，双季茭白品种包括浙茭3号、浙茭6号、浙茭7号、浙茭8号、浙茭10号、龙茭2号、余茭4号、崇茭1号等。上述品种，品质优、产量高，早、中、晚配套，有力推动了浙江乃至全国茭白品种的更新换代，推动了浙江乃至全国茭白产业的持续健康发展。

（二）繁育技术取得突破

20世纪90年代前，茭白主要采用分墩繁殖法，即在种植前将种墩分割成3~5个小茭墩直接定植。2000年前后，台州市黄岩区推广了双季茭白"带茭苗"繁育技术，即春季茭白采收初期选留优良单株，1个带茭植株只能抽生1~2根种苗，繁殖系数低，用种成本高。桐乡一带在分墩繁殖法基础上，推广了二段育苗繁育技术，繁殖系数提高到了100以上，但种苗质量仍然不够稳定。2005年前后，缙云县推广了单季茭白薹管繁育技术，种苗纯度好，繁殖系数高，有力推动了缙云县乃至浙江省单季茭白产业的健康发展。2015年以来，金华市农业科学研究院、桐乡董家茭白专业合作社在双季茭白种苗繁育过程中，尝试了直立茎繁育技术创新，经过近5年的反复试验研究，直立茎繁育技术取得突破性进展，研究形成了种苗纯度达到98%以上、繁殖系数达到300以上的"春季带茭苗繁育 + 秋季直立茎繁育"相结合的双季茭白种苗繁育新技术。

（三）栽培模式不断创新

20世纪80年代以来，浙江省创新发展了单季茭白高山栽培和冷水灌溉栽培新模式，茭白采收时间提早了1个月以上，即在8月上中旬就可以开始采收，茭白上市时间早，产品质量好，市场价格高，种植效益非常突出。2000年以来，全省双季茭白产业迅猛发展，大棚促早栽培、小拱棚促早栽培等模式在各地推广应用，茭白上市时间提早了15~30天，种植效益提高30%以上，甚至翻番，有力推动了浙江省茭白产业高质、高效发展。2017年以来，双膜覆盖栽培模式在桐乡一带推广应用，采收时间比露地栽培模式提早40天以上，进一步提高了大棚茭白种植效益。

（四）品牌建设成效明显

浙江省十分重视茭白品牌创建工作，独特的生产环境、规范的种植技术、优良的茭白品质使浙江茭白享誉全国。2001年、2012年和2015年，余姚市河姆渡镇、台州市黄岩区、丽水市缙云县先后被授予"中国茭白之乡"的荣誉称号；2014年，金华市磐安县被授予"中国高山茭白之乡"的荣誉称号。浙江省茭白品牌创建工作取得了良好成效，国内知名度不断提升，有力推动了全国茭白产业的持续健康发展。可以说，全国茭白一半的产量来自浙江；全国茭白80%以上的种植面积由浙江的茭白种植能手在经营管理，他们将浙江优质茭白品种、绿色高效技术和生态种养模式推广到全国各地，为我国茭白产业蓬勃发展做出了重大贡献。

复习思考题

1. 2000年以来浙江省选育并推广的单季茭白、双季茭白分别有哪些？

2. 浙江省在茭白的繁育技术上有哪些突破？

3. 2000年以来浙江省研发推广了哪些茭白栽培新模式？

第二章　效益分析

茭白营养丰富，为高钾低钠健康蔬菜品种。茭白经济效益、社会效益和生态效益明显，在农业产业结构调整中，种植面积不断扩大，市场前景良好。目前，浙江茭白主要销往江苏、上海、山东、湖南、湖北等20多地。

一、营养价值、药用价值与经济价值

（一）营养价值

根据金华市农业科学研究院近 10 年的检测结果，每 100 克茭白嫩茎含水分 91.5~94.6 克、粗蛋白 0.9~2.2 克、粗纤维 0.7~1.2 克、粗脂肪 0.2~0.7 克、总糖 1.9~4.7 克、总黄酮 13.0~23.5 毫克、总多酚 0.31~0.36 毫克，含有苏氨酸、甲硫氨酸、苯丙氨酸、赖氨酸等 16 种氨基酸及少量维生素、矿物质等，其中有机氮多以游离氨基酸状态存在。另据相关文献报道，每 100 克茭白嫩茎含有钾元素 209 毫克、钠元素 5.8 毫克，是典型的高钾低钠健康蔬菜产品。

（二）药用价值

茭白性寒，味甘。《本草纲目》记载："（菰笋）甘、冷滑、无毒。利大小便，止热痢，除目黄，止渴。（菰根）大寒，治消渴、肠胃痼热。外敷治蛇伤，疮毒。"《食疗本草》记载："利五脏邪气，酒糟面赤、白癞、疬疡、目赤。热毒风气，卒心痛，可加盐醋煮食之"。现代医学研究发现，茭白具有嫩白、保湿等美容功效，其所含的豆甾醇能清除体内活性氧，抑制络氨酸酶活性，从而阻止黑色素的生成，软化皮肤表面角质层，使皮肤保持润滑细腻。

（三）经济价值

茭白是重要的水生蔬菜。常规栽培模式，单季茭白 9—10 月收获，亩产量 1000~2000 千克；双季茭白上半年 4—6 月收获，下半年 10—12 月收获，全年亩产量 3000~5000 千克。随着新品种、新技术的推广应用，茭白上市时间更加均衡，双季茭白通过大棚、小拱棚及简易覆膜等栽培模式，上半年采收时间提早到 3—4 月，而单季茭白通过山地栽培、冷水灌溉栽培，填补了 7—8 月高温季节的市场空档，种植效益非常可观。加之近年来冷藏保鲜技术的发展，有效缓解了茭白市场供应问题，基本实现了茭白的周年供应（见图2.1），非常利于茭白市场价格稳定并保持在较高的水平。比如，在台州市黄岩区，大棚茭白3月中下旬即可上市，4月下旬采收结束，收购价格超过8元/千克，亩产值高达2万元左右；嘉兴桐乡一带采用双膜覆盖促早栽培，将茭白采收时间提早到4月上中旬，全年亩产值超过1.8万元。2020年，浙江茭白种植总面积44万亩，总产量达79万吨，总产值超过28亿元，茭白产业已成为浙江省农业农村增产增收的一大支柱产业。

图2.1 浙江省茭白的周年供应

复习思考题

1. 茭白有哪些营养价值？
2. 茭白有哪些经济价值？
3. 可通过哪些技术措施实现茭白周年供应？

二、社会及生态效益

（一）社会效益

山区、半山区的山垄田、冷水田和水库下游冷水资源丰富的水田，非常适宜单季茭白反季节生产。反季节生产的单季茭白上市时间早，品质优，亩产值达 5000～10000 元，种植效益远高于水稻生产，为浙江省多个山区、半山区茭白产业基地农民脱贫致富做出了重要的贡献。浙江省平原地区则以种植双季茭白为主，采用大棚、小拱棚、简易地膜覆盖等技术能促早上市，提高种植效益；茭白可与甲鱼、小龙虾等水生经济动物套养，种养模式丰富，进一步提高了种养效益，使平均亩产值超过 1.5 万元。

　　茭白种植业的经济和社会效益突出，已经成为农民生产致富的好项目，为发展壮大农村经济、丰富城乡居民的"菜篮子"做出了重要贡献（见图 2.2）。

图2.2　茭白大丰收

（二）生态效益

茭白用途很多，既是水生蔬菜、优良的饲料，还可作为固堤造陆的植物。茭白生产上推广的绿色高效配套技术和生态种养、轮作间作等模式，可以进一步减少化学农药、化学肥料等投入品的施用量，利于优化农业生产环境。茭白产业在美化环境、保护生态、防洪减灾等方面发挥了其他作物不可替代的作用。

 **复习思考题**

1. 可通过哪些技术措施有效提高茭白种植效益？
2. 茭白有哪些生态效益？

三、市场前景及风险防范

（一）市场前景

茭白可利用低洼水田种植，基本不与粮食作物和旱生蔬菜争地。因此，在农业产业结构调整中，茭白种植面积不断扩大，一些地方更是把茭白作为一项主要的蔬菜产业来发展。茭白采收时间大多在4—6月及8—11月，正值初夏和中秋蔬菜供应淡季，消费者需求量大，对调节蔬菜市场、增加特色品种有较好的作用，深受城乡居民的青睐，市场前景良好。

（二）风险防范

1. 良种与环境

茭白并不是在所有地方都可以栽种，也不是在任何地方栽种后都可以实现优质、稳产。因此，种植茭白前，首先要选择适宜的气候区域与土壤条件，了解地形地貌、坡向、海拔高度与社会经济条件。其次，根据市场需求，选择适宜的茭白品种是关键。一般来说，应考虑品种的地区适应性，尤其是远距离引种必须先进行试验，宜选用在当地市场蔬菜供应淡季采收的品种，这样才能取得更好的收益。宜考虑当地的消费习惯，避免盲目引种。另外，大面积种植茭白则应考虑早中熟品种的合理搭配，以防上市过于集中。

2. 生产与安全

高温、干旱不利于茭白生长发育。因此，需做好种植地选择，根据市场需求和产地环境，选择优良品种；按照栽培技术规范操作；推广生态种养、轮作间作模式，提高经济效益。

3. 保鲜与储运

茭白采收后必须储存在阴凉通风、清洁卫生的地方，避免堆高重压，防止日晒雨淋，要避免有害物质的侵染（见图2.3）。茭白剥出茭肉后只可保存1~2天，一般应就地供应当地市场。如果要延长储存时间，可将采收的壳茭保留2~3张叶鞘置放于阴凉处，这样可储存5~7天；或将壳茭放入冷库，这样可储存1~2个月，但注意不要扎捆。新鲜茭白不耐运输，故运输时要特别小心，长途运输时建议采用冷藏车。

图2.3　茭白的保鲜与储运

4. 市场与销售

茭白营养价值独特，广受消费者欢迎。随着种植业结构的不断调整优化，浙江依托资源优势，瞄准国内外大市场，把茭白作为重要的特色蔬菜品种来培育，推进茭白规模化种植、标准化生产、商品化处理、品牌化销售、产业化经营，产业规模不断壮大，品牌知名度明显提升，现已成为全国茭白产业强省。目前，浙江茭白主要销往江苏、上海、山东、湖南、湖北等20多地。

 复习思考题

1. 种植茭白的市场前景如何？

2. 为实现茭白优质稳产，在种植环境和品种布局方面要注意哪些问题？

3. 茭白长途运输应采用哪种运输方式？

第三章　关键技术

　　茭白种植的关键技术可以分为产前、产中和产后三个阶段的技术。产前技术主要是选择适合本地种植的优良品种，做好种苗繁育工作；产中技术主要是田间科学管理、病虫防控及选择适宜的种植模式；产后技术主要是秸秆利用和储运加工。

一、优良品种

（一）单季茭白

1. 金茭 1 号

金茭 1 号由金华市农业科学研究院和磐安县农业农村局合作选育[见图 3.1（a）]。早中熟品种，植株高度约 250 厘米，叶鞘长 53~63 厘米，叶鞘浅绿色覆浅紫色条纹，每墩有效分蘖 1.7~2.6 个，平均壳茭重 124 克，肉质茎竹笋形，有 3~5 节，长 20.2~22.8 厘米，宽 3.1~3.8 厘米，表皮光滑白嫩。在浙江中西部海拔 500~700 米山区种植，7 月底至 9 月初采收。亩产 1200~1400 千克。

2. 金茭 2 号

金茭 2 号由金华市农业科学研究院、浙江大学蔬菜研究所和金华陆丰农业开发有限公司等合作选育[见图 3.1（b）]。早熟品种，持续分蘖能力强，适宜冷水灌溉栽培。上半年 6 月下旬至 7 月中下旬采收，下半年 9 月下旬至 10 月中旬采收，两个采收期间，分蘖持续生长。植株高度约 220 厘米，叶鞘长 52~55 厘米，浅绿色。壳茭重 100~120 克，肉质茎梭形，有 3~4 节，长 15.9~17.8 厘米，宽 3.8~4.0 厘米，表皮光滑，肉质细嫩，商品性佳。亩产 2100~2400 千克。

3. 丽茭 1 号

丽茭 1 号由丽水市农业科学研究院和缙云县农业农村局合作选育[见图 3.1（c）]。中熟品种，植株高度约 240 厘米，叶鞘长约 58 厘米，每墩有效分蘖 2~3 个。孕茭叶龄约 13 叶，壳茭重 142.5~178.6 克，肉质茎竹笋形，有 3~5 节，长约 17 厘米，其中第 2 节和第 3 节纵、横径分别为 7.43 厘米、4.66 厘米和 4.84 厘米、3.57 厘米，表皮白嫩光滑，品质好。在浙江省中西部海拔 800 米左右的高山地区种植，7

月中旬开始采收，7月下旬至8月初进入盛采期。亩产约1800千克。

4. 余茭3号

余茭3号由余姚市农业科学研究所、浙江省农业科学院植物保护与微生物研究所、余姚市河姆渡茭白研究中心等合作选育[见图3.1（d）]。早熟品种，较耐高温，8月下旬至9月中旬采收。植株高度约220厘米，叶鞘长47~54厘米，壳茭重110~130克，肉质茎竹笋形，长16.5~18.5厘米，直径3.5~4.0厘米，表皮洁白光滑，肉质细嫩，品质优良。亩产约900千克。

5. 美人茭

美人茭为杭州市地方品种[见图3.1（e）]。中熟品种，平原地区9月中旬至10月上旬采收。植株高度240~260厘米，叶鞘长50~60厘米，分蘖力较弱，壳茭重140~170克，肉质茎笋形，长25~33厘

（a）金茭1号　　　　　（b）金茭2号　　　　　（c）丽茭1号

（d）余茭3号　　　　　（e）美人茭　　　　　（f）象牙茭

图3.1　6个单季茭白品种肉质茎特征

米，宽3.2~3.7厘米，表皮光滑白嫩。亩产量1500~2000千克。

6. 象牙茭

象牙茭为杭州市地方品种[见图3.1（f）]。中熟品种，9月中下旬成熟。植株高度约250厘米，分蘖力中等，叶鞘绿色，壳茭重100~110克，肉质茎笋形，长18~20厘米，宽4厘米，表皮洁白如象牙，故名象牙茭。亩产1000~1500千克。

（二）双季茭白

1. 浙茭2号

浙茭2号由浙江大学选育[见图3.2（a）]。中熟品种，秋季10月中旬至11月中旬采收，春季大棚栽培于5月中旬上市。植株高度210~215厘米，长势较强，分蘖力中等。净茭重80~85克，肉质茎长17~18厘米，表皮光滑洁白，质地细嫩。秋茭亩产1200~1250千克，夏茭亩产1600~1700千克。

2. 浙茭3号

浙茭3号由金华市农业科学研究院和金华水生蔬菜产业科技创新服务中心合作选育[见图3.2（b）]。秋季早中熟、夏季晚熟，秋季10月中下旬至11月中旬采收，夏季5月中旬至6月中旬采收。秋季植株高度为197厘米，叶鞘长49厘米，叶鞘浅绿色覆浅紫色条纹，最大叶长153厘米，宽3.6厘米，每墩有效分蘖9.3个，平均壳茭重107.9克，平均净茭重73.2克，肉质茎长17.4厘米，粗4.0厘米。夏季植株高度为181厘米，叶鞘长50厘米，最大叶长140厘米，宽3.9厘米，平均壳茭重107.8克，平均净茭重74.6克，肉质茎长19.2厘米，粗3.9厘米。肉质茎膨大3~5节，隐芽白色，表皮光滑洁白，肉质细嫩，商品性佳。秋茭平均亩产约1500千克，夏茭平均亩产约2300千克。

3. 浙茭6号

浙茭6号由嵊州市农业科学研究所和金华水生蔬菜产业科技创新服务中心合作选育[见图3.2（c）]。中晚熟品种，秋季10月下旬至

11月下旬采收,春季小拱棚栽培,5月中旬至6月中旬采收。植株高大,秋季植株高度为208厘米,夏季植株高度为184厘米。叶鞘浅绿色覆浅紫色条纹,长47~49厘米。平均壳茭重116克,平均净茭重79.9克,肉质茎竹笋形,有3~5节,以4节居多,长18.4厘米,粗4.1厘米,表皮光滑,肉质细嫩,商品性佳。秋茭平均亩产约1500千克,夏茭平均亩产约2500千克。

4. 浙茭7号

浙茭7号由中国计量大学和金华市农业科学研究院合作选育[见图3.2(d)]。早熟品种,正常年份10月上旬至11月上旬采收秋茭,大棚栽培4月下旬至5月下旬采收夏茭。植株高大,株型紧凑,秋季植株高度为169厘米,叶鞘长49.3厘米,宽3.3厘米,每墩有效分蘖数12.9个,壳茭重132.7克,净茭重97.8克,肉质茎竹笋型,长23.22厘米,粗3.52厘米。夏季植株高度为166厘米,叶鞘长43.2厘米,宽3.8厘米,壳茭重135.6克,净茭重98.2克,肉质茎竹笋型,有3~5节,长24.47厘米,粗3.67厘米,表皮光滑洁白,肉质细嫩,商品性佳。中抗锈病、胡麻叶斑病。秋茭平均亩产约1350千克,夏茭平均亩产约2200千克。

5. 浙茭8号

浙茭8号由金华市农业科学研究院和台州市黄岩区蔬菜生产办公室合作选育[见图3.2(e)]。早熟品种,正常年份10月中旬至11月上旬采收秋茭,夏季大棚栽培,浙中地区4月中旬至5月上旬采收。秋季植株高度为192厘米,叶鞘浅绿色覆浅紫色条纹,叶鞘长45.5厘米,叶长136.4厘米、叶宽3.7厘米,每墩有效分蘖数10.5个,平均壳茭重107.8克,平均净茭重70.2克,肉质茎竹笋型,长19.2厘米、粗3.4厘米。夏季植株高度为151.8厘米,叶鞘长39.1厘米,叶长117.5厘米、叶宽3.5厘米,每墩有效分蘖数16.6个,平均壳茭重123.7克,平均净茭重85.1克,肉质茎竹笋型,有3~5节,长20.2厘米、粗3.5厘米,表皮光滑洁白,肉质细嫩。中抗锈病和胡麻斑病。

秋茭平均亩产约 1200 千克，夏茭平均亩产约 2200 千克。

6. 浙茭 10 号

浙茭 10 号由金华市农业科学研究院和台州市黄岩区蔬菜生产办公室合作选育 [见图 3.2(f)]。晚熟品种，11 月上旬至 11 月底采收秋茭，5 月初至 5 月底采收夏茭。植株高度为 182~200 厘米，叶鞘浅绿色覆浅紫色条纹，长约 50 厘米，分蘖力强。壳茭重 136~152 克，肉质茎竹笋型，个体大，多为 3~5 节，隐芽白色，光滑洁白，肉质细嫩。秋茭平均亩产约 1500 千克，夏茭平均亩产约 2600 千克。

7. 龙茭 2 号

龙茭 2 号由桐乡市农业技术推广服务中心和浙江省农业科学院植微所等合作选育 [见图 3.2(g)]。晚熟品种，10 月底至 12 月初采收秋茭，5 月上旬至 6 月中旬采收夏茭。植株高度 180~200 厘米，叶鞘浅绿色，长约 45 厘米，分蘖力强。壳茭重 140~150 克，肉质茎个体较大，有 4~5 节，色泽洁白光亮，肉质细嫩。秋茭平均亩产量约 1500 千克，夏茭平均亩产量约 2500 千克。

8. 崇茭 1 号

崇茭 1 号由杭州市余杭区崇贤街道农业公共服务中心、浙江大学农业与生物技术学院和杭州市余杭区种子管理站等合作选育，原名杭州冬茭 [见图 3.2(h)]。10 月底至 12 月中旬采收秋茭，5 月中下旬采收夏茭。秋季平均植株高度为 191 厘米，每墩有效分蘖数 18 个；夏季平均植株高度为 181 厘米。平均壳茭重 123.5 克，肉质茎竹笋型，长 23.3 厘米，粗 4.4 厘米，茭体膨大以 4 节居多，隐芽白色，表皮白色光滑，肉质细嫩，商品性佳。全年亩产量约 4000 千克。

9. 余茭 4 号

余茭 4 号由余姚市农业科学研究所、浙江省农业科学院植物保护与微生物研究所和余姚市河姆渡茭白研究中心等单位合作选育 [见图 3.2(i)]。中晚熟品种，11 月上旬至 12 月上旬采收秋茭，5 月下旬

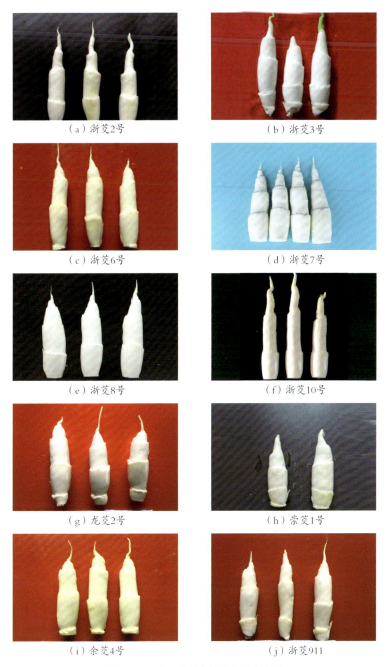

（a）浙茭2号 （b）浙茭3号

（c）浙茭6号 （d）浙茭7号

（e）浙茭8号 （f）浙茭10号

（g）龙茭2号 （h）崇茭1号

（i）余茭4号 （j）浙茭911

图3.2 10个双季茭白品种肉质茎特征

至6月下旬采收夏茭。株型较紧凑，分蘖力强，叶色青绿，叶鞘绿色覆浅紫色斑纹。秋季植株高度为206厘米，叶鞘长44厘米，每墩有效分蘖数13个，平均壳茭重143.6克，肉质茎竹笋型，长20.3厘米，粗3.7厘米。夏季植株高度为216厘米，叶鞘长46厘米，平均壳茭重119.7克，肉质茎竹笋型，茭体膨大，有4节，长17.0厘米，粗3.5厘米，表皮光滑洁白，肉质细嫩。中抗长绿飞虱、二化螟和胡麻叶斑病。秋茭平均亩产约1300千克，夏茭平均亩产约2700千克。

10. 浙茭911

浙茭911由浙江大学选育［见图3.2（j）］。早熟品种，秋茭10月中下旬采收，夏茭4月下旬至5月中旬采收。植株高度170~190厘米，生长势中等，分蘖力强，较耐低温。表皮光滑，茭肉洁白，品质优良。秋茭亩产1000~1250千克，夏茭亩产1500~2000千克。

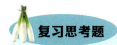

复习思考题

1. 茭白的产前技术应抓好哪两个方面？
2. 早熟双季茭白品种有哪几个？请至少答出2个。
3. 迟熟双季茭白品种有哪几个？请至少答出2个。

二、种苗繁育

（一）单季茭白直立茎繁育

近年来，缙云县壶镇、前路乡一带的茭白种植户利用茭白直立茎上腋芽的分蘖特性，摸索出一种单季茭白直立茎寄秧繁育新技术。运用该技术，茭白种苗纯度和繁殖系数明显提高，采收期更加集中，增产和提质效果显著。

1. 预留秧田

在茭白种植大田附近选择秧田，利于减少秧苗运输成本。一般秧田与大田面积比为1：10。秧田畦宽1.2米，沟宽40厘米，沟深20厘米。秧田要求一年内未种植茭白，排灌方便，育苗前1~2天，适施基肥后翻耕，整平田块，畦沟内水位与畦面相平。

2. 选择种墩

在单季茭白采收进度达到10％~30％时选择种墩，打结做好记号。入选种墩要符合优良品种主要的特征特性，即生长整齐，结茭多，孕茭率高，成熟期较集中，肉质茎表皮白嫩，无灰茭、雄茭。

3. 采集直立茎

因排种地点不同，单季茭白直立茎采集时间也应灵活调整。海拔500米以上山区，9月中下旬采集直立茎，平原地区则以10月中下旬采集为宜。采集直立茎时，从土壤以下0~3厘米、带有部分须根的部位割断，剪成长约30厘米茎段，剥除叶鞘，即可排铺到预留的秧田（见图3.3）。

（a）直立茎采集　　　　（b）剥叶后的直立茎　　　　（c）排种育苗

图3.3　直立茎采集、剥叶和排种

4. 秧田管理

先把秧田水位调整到比畦面低3~5厘米处，再将准备好的直立茎的茎段横放到畦面，茎段之间间距3~5厘米，首尾相接，腋芽分布两边，用手轻轻按压茎段使其上表面与畦面齐平，5天内保持畦沟有浅水、畦面无积水。1周左右，待腋芽萌发并抽生根系后灌水，畦面保持1~2厘米浅水。9月中下旬繁育的直立茎，植株高度为10~15厘米，割叶促进再生。一般苗高30~40厘米，每节有1~2株茭白苗即可定植。定植前，预防病虫害1次。

5. 大田定植

平原地区，11月中下旬以前定植；山区则在下一年4月定植。定植时，宽行80厘米，窄行40厘米，株距30~40厘米，每丛2~3株，每亩定植约3000丛。冬季气温下降到0℃以下时，田间灌溉5~10厘米浅水越冬（见图3.4）。

图3.4 茭苗定植

（二）双季茭白"带茭苗"繁育

20世纪90年代以前，台州市黄岩区茭白种植户主要采用分墩繁育法留种，即在秋季采收结束后，去除变异茭墩，根据需要在下一年春季分墩繁育；20世纪90年代后，逐渐开始采用"带茭苗"留种繁育，这样种苗纯度高，但因其选苗留种在茭白孕茭初期，即茭白销售价格最高的时期，故用种成本极高。近年来，为了提高种苗繁育效率，节约生产成本，台州市黄岩区集中科研人员、推广人员和广大种植户的智慧，结合"带茭苗"和常规育苗技术的优点，研究形成了双季茭白"带茭苗"二次繁育技术。

1. "带茭苗"选留

（1）露地留种。茭白留种田宜露地栽培，在气候冷凉的山区、半山区露地留种和繁殖有利于提高茭白种苗质量。

（2）选留时期。在夏茭采收20％～30％时选留种墩，选留时间因品种熟性、留种地域而异，如浙茭7号、浙茭8号等早中熟双季茭白品种，浙江东部沿海地区宜在4月上中旬选留种，浙江中部地区宜在5月上旬选留种，浙江北部地区宜在5月中旬选留种；龙茭2号、浙茭3号等中晚熟双季茭白品种，浙江东部沿海地区宜在4月中下旬选留种，浙江中部地区宜在6月中旬选留种，浙江北部地区宜在5月下旬选留种。

2. 种株标准选择

留种选择已孕茭（拇指般大小）且茭壳白净、饱满的茭株。留种茭墩的植株应符合计划种植品种的典型特征，生长较整齐，孕茭较早且集中，结茭部位较低，肉质茎粗壮饱满，表皮光洁白嫩。每墩留2～3个种株（见图3.5）。若每墩留苗数过多或全部留作种株，则会因植株间密度过高而降低种苗质量和成活率。

图3.5　每个茭墩留苗2～3个种株

3. "带茭苗"管理

（1）作标记。种株选定后，叶片打结作记号，避免误拔。

（2）翻土促蘖。黄岩一带的种植户，在茭白孕茭期常分次培土护茭，目的是改善品质、提高产量。在"带茭苗"繁育过程中，选定种株后需要挖除植株基部覆盖的土壤，促进分蘖抽生。

（3）水位控制。田间水位应低于基部腋芽萌发的位置，避免夏天水温过高伤害分蘖芽。

（4）分次割叶。第一次割叶在种株壳茭稍老化且其他植株均孕茭后进行，在叶颈上方约20厘米处割叶（见图3.6），促使种株叶片向外开张，利于叶腋分蘖抽生。第二次割叶在分蘖长约5厘米时进行，在主茎上方约20厘米处割叶，促使茭壳向外伸展，利于分蘖生长发育并减轻病虫为害。注意，如割除位置过低，易诱发茭肉腐烂，降低出苗率和成活率。

图3.6 叶颈上方20厘米处割叶

（5）施肥。第一次割叶前3天，每亩施复合肥10~15千克，促进种株根系生长。

4. 寄秧

为提高繁殖系数，在分蘖苗高约30厘米时即移栽到寄秧田集中管理。寄秧密度为50厘米×50厘米，浅水（3~5厘米）管理。

5. 秋季筛选

（1）定植。一般6月下旬至7月中旬定植。根据不同品种选择适宜的种植时间和密度种植。一般秋季早熟品种在6月下旬至7月初定植；秋季中熟品种在7月上旬定植；秋季晚熟品种在7月中旬以前定植。每穴定植种苗1~2株。如"带茭苗"分蘖较多、较粗，则分株后定植。

（2）选茭墩。秋季采收盛期，选择符合优良品种典型特征特性、孕茭节位低、孕茭率高、采收时间集中的茭墩，叶片打结作记号。采收茭白时，若发现茭白商品性较差，甚至出现灰茭、雄茭时，应及时挖除。

6. 扩繁

（1）寄秧管理。留种用的茭墩，萌芽前（1月中旬至2月上旬）应带泥挖出移放到寄秧田块，保持秧田土壤湿度，等茭苗高度达到20厘米左右再分墩繁殖。

（2）分次扩繁。一般分两次扩繁。第一次分墩扩繁在苗高20厘米左右时进行，每墩分成7~8个小墩，每小墩保留4~6株种苗，密度为40厘米×50厘米。第二次分墩扩繁在苗高50厘米左右时进行（见图3.7），分苗前先割叶，保留30厘米左右叶鞘，以提高茭苗成活率，3~4株种苗为1丛，密度为60厘米×60厘米。6月底至7月中旬分株定植，定植前3~4天再次割叶，保留25~30厘米叶鞘，有利于减轻病害。

（3）肥水管理。第一次分墩扩繁前10天，每亩施复合肥15千克左右，促进植株生长；分墩移栽后约10天，每亩施复合肥15.0~17.5千克。分墩扩繁期间田间保持3~5厘米浅水。

（4）壮苗标准。植株粗壮，每株含绿叶5~7张，白根较多且粗短，无病虫害。

图3.7　种苗扩繁

7. 注意事项

（1）"带茭苗"选留时期。茭白种苗易变异，选留种苗时间节点以采收初期为宜。

（2）"带茭苗"选留位置。若选择"带茭苗"基部壳外茎节所抽生的分蘖苗作种苗，则会因当年秋季灰茭较多、"不孕株"比例明显增加，而影响种苗纯度。因此，留种时宜留"带茭苗"左右两片外壳叶腋抽生的分蘖作种苗，这样可有效提高种苗纯度。

（3）经过两次扩繁，茭白种苗活力更强，种植后成活率更高。

（三）双季茭白直立茎繁育

双季茭白直立茎繁育是在单季茭白直立茎繁育技术基础上发展形成的。夏季，双季茭白直立茎极短，不适宜采集育苗；秋季，直立茎相对较长，地上部分直立茎节间长1~5厘米，适宜采集利用。从地下0~2厘米处割除直立茎，不仅不会对秋季及翌年夏季茭白生产造成影响，还能使种苗纯度超过98％，同时可以节约留种茭墩，是一项一举多得的实用新技术。

1. 种墩选择

运用夏季"带茭苗"扩繁的种苗，雄茭比例极低，故重点甄别灰茭即可。秋季茭白采收 20%~30% 时，仔细甄别灰茭茭墩，去除基部色泽偏暗、结茭部位偏低的茭墩（见图3.8）；同时，去除长势过旺的茭墩，选取符合优良品种主要特征特性的茭墩作种墩。

图3.8　去除灰茭茭墩

2. 作畦

选用种植茭白的田块应提前 1~2 天施肥，翻耕作畦。每亩施用复合肥 10千克、腐熟有机肥 500千克。翻耕作畦，畦宽120厘米，沟宽40厘米，沟深20厘米，畦面平整，畦沟内保持约15厘米水层。

3. 采集

选择腋芽未明显伸长的直立茎（见图3.9），从土壤表面以下 0~2 厘米处割断，剥除叶鞘，去除病虫为害的直立茎。

（a）适宜　　　　　　　　　（b）太迟

图3.9　薹管采集时期

4. 排种

育苗田要求土壤松软而不积水，直立茎整齐排放于畦面，间距2~3厘米，首尾相连，隐芽分布于两侧，轻压，使直立茎上表面与畦面平。

5. 秋、冬季管理

茭苗高度达到5~7厘米时，覆盖稀薄泥土1厘米；茭苗高度达10厘米左右时，畦面保持5厘米浅水层，并预防病虫害1次；茭苗高度达30厘米或气温下降到5℃以下时，搭建小拱棚，并覆盖1厘米细土保护根系；气温降到0℃以下时，灌水5厘米护苗越冬。

6. 春、夏季分次繁殖

该技术与双季茭白二段育苗技术相仿，一般分苗2次。

（1）春季，在育苗田苗高30~40厘米时分株移栽。移栽前3天，预防病虫害1次；繁殖田则每亩施用复合肥10千克后翻耕整地，田间保持5~10厘米浅水，备用。移栽前，保留叶鞘以上5厘米割叶，单株定植，行距50厘米，株距30厘米，田间保持5~10厘米浅水。返青成活后，浅水管理，每亩行间施用腐熟有机肥250千克。分蘖前，每亩施用尿素10千克、氯化钾5千克。分蘖期，预防病虫害1次。

（2）5月中旬，再次分株繁殖。田间管理要求同上。

（四）双季茭白种苗繁育

双季茭白"带茭苗"繁育、直立茎繁育和分次繁育均可以有效提高茭白种苗质量，但三者各有侧重。"带茭苗"繁育侧重于夏季熟性和品质等优良性状的选择，直立茎繁育侧重于秋季茭白品质及去除灰茭、雄茭变异株，分次繁殖则在巩固茭白种苗质量的前提下，快速提高种苗繁殖系数。综合运用"带茭苗"繁育、直立茎繁育和分次繁育技术可形成双季茭白种苗繁育新技术，正常管理情况下，两年内品种纯度可保持在98%以上。

（五）茭白引种注意事项

1. 选择规范的繁育种单位

茭白种苗繁育技术及质量，直接关系到茭白品种纯度及品种真实性，在引种时建议到茭白品种选育单位、茭白专业合作社及家庭农场引种。

2. 适宜的引种时间

休眠期引种为宜。休眠期潜伏芽未萌动，途中运输对茭白种苗损伤少。

3. 夏季高温季节引种

夏季环境温度高，长途运输极易缺氧、发热，导致叶片发黄甚至腐烂，建议采用冷链运输或者严格控制途中运输时间，减少运输过程中对种苗的损伤。

复习思考题

1. 如何做好单季茭白直立茎繁育的秋田管理？
2. 双季茭白"带茭苗"繁育种株的选择标准是什么？
3. 如何做好双季茭白直立茎繁育的秋冬季管理？

三、栽培技术

（一）山地茭白栽培

山地茭白栽培模式，利用大气对流层温度垂直变化的规律和山区昼夜温差大的特点，促进茭白提早孕茭和品质优良，实现与平原地区茭白错峰上市，种植效益突出。浙江海拔 500~1000 米山区的夏、秋季气温比平原地区低 3~6℃，田间水温也比平原地区低 5~8℃，可提前达到寄生在茭白植株中菰黑粉菌的增殖温度，茭白孕茭及采收时间可提早 1 个月以上，可与平原地区双季茭白、单季茭白错开采收上市时间。而且山区昼夜温差大，环境湿度高，非常有利于茭白高品质生产。2000 年以来，该项技术首先在浙江、安徽等山地资源较丰富的省份推广应用，单季茭白产品在 7—9 月蔬菜淡季上市，产品供不应求，效益优势明显，浙江省的磐安县、缙云县、景宁县和新昌县，安徽省的岳西县、金寨县均已成为山地茭白大型规模种植基地，带动了种植户生产致富，精准助力产业脱贫。近几年，浙江省的种植能手把该项技术成果推广到云南、贵州、四川等海拔高度在 800~1500 米的山区，因为上述地区夏季气温更低，采收时间更早，故均取得了良好的种植效益，为我国西部高海拔地区产业脱贫做出了重要贡献。

1. 田块选择

选择海拔 500 米以上、光照充足、土地平整、土层深厚、有较丰富水源的田块种植茭白。

2. 整地施肥

山地茭白田间生长期长，生物产量高，故整地时须施足基肥。基肥以有机肥为主，促进茭白肥大鲜嫩，提高产量，改善品质。一般结合冬季深耕晒垡，每亩施新鲜熟石灰 50 千克。种植前 2~3 天，每亩施碳酸氢铵 40~50 千克，钙、镁、磷肥 20~25 千克，深翻 20~25 厘米，整平土地，做到田平、泥烂、肥足。整地后，灌水 5~10 厘米备用。

3. 品种选择

浙江省山地茭白主栽品种以熟期较早、品质优、产量高、抗病性强的单季茭白品种为主，包括金茭 1 号、丽茭 1 号、美人茭、象牙茭等。安徽省岳西县的山地茭白基地，除种植单季茭白以外，还推广种植了浙茭 2 号、浙茭 6 号、浙茭 7 号、龙茭 2 号和鄂茭 2 号等双季茭白品种，这些茭白在 6~7 月上市，每亩种植收益可达 1 万元左右。这里，仅介绍单季茭白山地栽培技术。

4. 种苗培育

在单季茭白采收进度达到 10％~30％时选择种墩，入选种墩要符合优良品种主要的特征特性。海拔 500 米以上山区，9 月中下旬采集直立茎，平铺育苗。一般苗高 30~40 厘米，每节有 1~2 株茭白苗即可定植，或翌年 4 月定植。冬季气温下降到 0℃以下时，田间灌溉 5~10 厘米浅水越冬。

5. 适时定植

单季茭白种植模式主要有秋季育苗春季定植和春季直接定植两种。秋季采集直立茎时，海拔 500 米以上山区以 9 月中下旬为宜，平原地区以 10 月中下旬为宜，秋、冬季田间保持 3~5 厘米浅水越冬，下一年 4 月气温回升到 12~15℃时定植。定植时，挖出茭白种苗或种墩，分株或分墩定植，每丛基本苗数 3~4 株，随挖、随分、随种。宽窄行定植，宽行 80~90 厘米，窄行 50~60 厘米，株距 30~40 厘米，根系入土宜浅。

6. 田间管理

（1）科学施肥。定植后 7~10 天，及时施用缓苗肥，每亩施复合肥 15~20 千克、腐熟油菜籽饼肥 100 千克或腐熟有机肥 500~1000 千克。分蘖初期施用促蘖肥，每亩施尿素 10 千克、复合肥 20 千克，以促进植株生长和培育大分蘖，提高有效分蘖比例。每墩粗壮分蘖数达到 6~8 个后，控制肥料施用，抑制无效分蘖的形成，改善田间通风透光条件，减轻纹枯病、胡麻叶斑病等为害。分蘖至孕茭期间，根据田间长势，补施壮秆肥 1~2 次，每次每亩施用复合肥 10~15 千克，不宜过多，目的是既防止植株早衰，又控制无效分蘖数量。当 50％~60％茭墩孕茭后，施用膨大肥 1~2 次，促进肉质茎膨大。每次每亩施复合肥 20~30 千克。施用膨大肥，应掌握好时间，施用过早，茭白尚未孕茭，易导致徒长，推迟孕茭和采收；施用过迟，则不能满足孕茭期对养分的需要，不利于优质高产。施肥时，田间宜保持浅水，提高肥效。

（2）水分管理。茭白水分管理一般遵循"浅—深—浅"的原则。定植后至分蘖盛期，田间保持5~10厘米浅水，利于提高土温，促进发根和分蘖。分蘖后期，田间封行后，土壤应保持干湿，以壮秆。孕茭初期，利用山地冷凉水流动灌溉，促进茭白孕茭。采收期间，田间保持5~10厘米水位为宜。采收后，田间保持浅水或湿润越冬。

（3）及时间苗。一般苗在高40~50厘米间苗。间苗时遵循"去密留稀，去弱留壮，去内留外"的原则，及时删除瘦弱苗和多余苗，每丛保留6~8个大分蘖。田间发现特别高大粗壮或明显低矮的茭苗，极可能是变异植株，应及时剔除，并注意补苗。茭白分蘖后期，及时剥除植株基部病叶、老叶和黄叶，改善通风透光条件，促进孕茭，改善品质。

（4）老茭田管理。单季茭白田间生长期长，需肥量大，消耗地力较多，故多年连作会影响茭白的产量和品质，种苗更容易退化，建议每年翻耕1次，重新定植。对于确实需要连作的田块，可采用隔行换茬，即在上一季茭白行间保留茭苗，老茭墩则踩踏入土作为有机肥还田。其他管理同新栽茭田。

（5）除草。茭白行间距较宽，利于杂草生长，可以通过行间铺施有机肥，套养麻鸭或施用除草剂等去除杂草。

①茭田养鸭：单季茭白田间生长期长，较适宜套养麻鸭，这样可控制田间杂草为害，减少农药和肥料的施用。一般于5—6月茭白大分蘖达到计划苗数后，每亩放养单羽重250克以下麻鸭10~15只。

②化学除草：新种植田块，茭白定植前3天，每亩施用60%丁草胺乳油100~150克，田间保持3~5厘米浅水7~10天，可以有效控制杂草数量。

7.适时采收

山地茭白采收时间因海拔高度及品种而异。浙江省丽水市的景宁县大漈乡和缙云县大洋镇等海拔800米以上山区，一般于7月下旬至9月初采收；浙江省金华市的磐安县尖山镇、绍兴市的新昌县回山镇等海拔约500米的山区，则8月上中旬至9月中旬采收。茭白植株上部3张叶片叶枕基本齐平、心叶短缩、茭白肉质茎稍露出茭壳时采收，以确保茭白质量。由于山地茭白采收期正值高温，宜隔天采收1次。

（二）单季茭白冷水灌溉栽培

茭白孕茭适温为15~25℃，夏季气温超过30℃时不能正常孕茭。根据茭白这一生育特性，在植株营养积累较充分的前提下，即使外界气温超过30℃，只要持续流动灌溉20℃以下水库冷水，亦能满足菰黑粉菌增殖和肉质茎生长发育的温度要求，实现孕茭。而且冷凉水流动灌溉区产出的茭白，表皮光滑，肉质细嫩，口感甜脆，商品性非常突出。最近几年，随着水资源主要功能的改变，农田灌溉水多改为饮用水，各地用于农田灌溉的冷凉水明显减少，单季茭白冷水灌溉栽培模式的种植规模有所缩减。

1. 田块选择

选择在蓄水量1000万立方米以上水库下游，7—9月能满足15~20℃冷水串灌条件的田块种植冷水茭白。

2. 品种选择

选择优质高产单季茭白品种，如金茭2号、象牙茭、八月白、美人茭等。

3. 育苗移栽

茭白采收进度达到10%~30%时选择种墩，要求符合优良品种主要的特征特性。采集的直立茎，剪成长约30厘米茎段，剥除叶鞘，即可排铺到预留的秧田。种苗高度达到10~15厘米时，割叶促进再生。

4. 科学施肥

冷水茭白大田生长期较短，结茭时间早，故应重施基肥，早施追肥，促进茭白早发棵、育壮苗。茭白苗定植前2~3天，每亩施碳酸氢铵50~80千克，钙、镁、磷肥25~40千克，深翻20~25厘米，整平土地，做到田平、泥烂、肥足；整地后灌水5~10厘米备用；定植后10天，结合耘田除草，每亩施复合肥15~20千克，腐熟油菜籽饼肥100千克或腐熟有机肥500~1000千克，促进早分蘖、育大蘖，提高有效分蘖率。每墩粗壮分蘖数达到6~8个时应及时控制肥料施用，抑制无效分蘖，改善田间通风透光条件，减轻纹枯病、胡麻叶斑病等为害。根据田间长势，补施壮秆肥1~2次，每次每亩施用复合肥10~20千克，不宜过多，严格控制无效分蘖数量。

5. 适时灌水

冷水茭从定植至分蘖盛期，田间水位宜保持相对稳定，水位以5厘米左右为宜，田间水位应浅、不能经常流动，以利于提高田间水温，促进分蘖生长。当粗壮分蘖数达到计划苗数的120%左右时，搁田10~15天，以控制植株长势，抑制无效分蘖，直至粗壮分蘖的3张新生叶叶环间距明显缩短，基部呈扁平状时，开始流动灌溉冷水。冷水灌溉迟早与茭白上市时间密切相关，一般取决于茭白植株生长发育进程和计划采收时间两个方面。正常气候条件下，持续灌溉冷水30天左右即可采收茭白。冷水茭白采收时间要避开7月中旬至8月中旬高温季节，因为这一时期气温过高，即使冷水灌溉，茭白肉质茎发育仍然会受到抑制，导致茭白品质和产量下降。因此，茭白采收上市时间以7月上中旬、8月下旬至9月中旬为宜，冷水灌溉以6月上旬或7月下旬为宜。进入大田的冷水以15~20℃、深度10~20厘米为宜，这时既可抑制植株的无效分蘖，又有利于菰黑粉菌增殖，促进茭白孕茭和肉质茎发育。

6. 冷水管理

串灌冷水要做到匀、满、勤。匀，即要求整个大田冷水要均匀流动，田间水温保持一致，利于茭白集中孕茭。满，即要求田间冷水保持较大流量，水深为10~20厘米。串灌冷水期间，流进茭田的水温宜在15℃以上，若水温低于15℃，可适当减少进水量，降低田间水位；流出水温宜在22℃以下。勤，即要求灌溉冷水期间应勤检查，避免突然停水、漏水，影响正常孕茭。

7. 及时采收

冷水茭白采收时期一般在7月上中旬或8月下旬至9月中旬，当茭白植株上部3片叶叶枕基本齐平，心叶短缩，茭白肉质茎稍露出茭壳时采收。由于此时正值高温天气，采收过迟易导致茭白肉质茎表皮发青，品质明显下降，故应隔天采收1次。

（三）双季茭白简易覆膜栽培

双季茭白简易覆膜栽培是一项投入成本低、促早效果好、产值增加明显的实用新技术（见图3.10）。该技术首先在嘉兴桐乡一带推广应用，茭白采收时间可提早约10天，尤其对于夏季迟熟品种，运用该技术可有效避免夏季高温导致的孕茭率过低等问题，增产、增收效果突出。目前，该技术已在全省双季茭白种植基地推广应用。

图3.10 双季茭白简易覆膜栽培

1. 品种选择

根据市场特点和消费习惯，针对性选择双季茭白优良品种。目前，浙江省主栽的夏季早熟双季茭白品种有浙茭7号、浙茭8号、浙茭 911 等，夏季中熟双季茭白品种有浙茭 6 号、崇茭 1 号、浙茭 2 号等，夏季晚熟双季茭白品种有浙茭 3 号、浙茭 10 号、龙茭 2 号、余茭 4 号等。

2. 大田准备

新种植茭白的田块应提前 20 天施用基肥，每亩施用商品有机肥 1000~1500 千克或腐熟菜籽饼 100~150 千克，碳酸氢铵 50 千克，钙、镁、磷肥 25 千克，翻耕备用。利用种植前这段时间灌水养绿萍，利于降低水温、净化水质提高种苗成活率。若改用缓释肥，则每亩 1 次施入缓释复合肥[氮：磷：钾 =（20~25）：（5~8）：（18~20）] 50~60 千克，至采收期再施用采茭肥。连作田块在定植前 5~7 天施用基肥，基肥和追肥施用量减半。

3. 种苗繁育

夏季精选带茭苗，秋季精选直立茎，并通过分次繁殖，培育优良茭白种苗。选择繁种的种墩，要求在露地栽培的田块中，茭白采收进度达到 10%~30% 时选择符合优良品种主要特征特性的茭墩，在分次扩繁过程中，要注意去除匍匐茎，提高种苗质量。

4. 秋茭栽培

（1）适时定植。应根据不同品种的秋季熟性确定定植时间。浙茭 7 号、浙茭 8 号、浙茭 911 等秋季早熟双季茭白品种，宜在 6 月底至 7 月初定植；浙茭 2 号、浙茭 6 号等秋季中熟双季茭白品种，宜在 7 月上旬定植；浙茭 10 号、龙茭 2 号、余茭 4 号等秋季晚熟双季茭白品种，宜在 7 月中旬定植。定植前保持水位 10~15 厘米，检查田间绿萍生长情况，以绿萍长满田块为宜。

（2）种植密度。早熟双季茭白品种，行距 100 厘米，株距 50 厘米；中晚熟双季茭白品种，株距 110 厘米，行距 60 厘米。单株定植，根系入土约 10 厘米即可。

（3）分蘖前管理。定植后 10~15 天种苗成活返青，轻搁田 5~7 天，促进植株抽生新根、萌发新芽，一周后及时灌水5~10厘米。其中，新种植田块分蘖前期不建议搁田，达到有效分蘖数后再搁田为宜。

（4）分蘖期管理。搁田灌水后约3天施用促蘖肥。施肥前，水位下降到5~10厘米，每亩施尿素5千克，复合肥10千克。间隔10~15天，每亩施复合肥20~30千克，促进早分蘖，培养大分蘖，并预防病虫害1次。每墩有效分蘖达到12~15株，灌水20~25厘米或搁田控制无效分蘖。一周后，田间水位保持约10厘米。该时期，通过严格控制施肥量来达到控制无效分蘖的目的。以后，看苗适当补肥。分蘖肥一般要求在定植后40天内分2次施用，早熟品种在定植后约40天割除主茎，培养大分蘖。根据田间植株长势，及时安排人工剥除病叶、老叶和黄叶，拔除无效分蘖，带出田外销毁，并预防病虫害1次。

（5）孕茭期和采收期管理。主茎拔节后，即进入孕茭阶段。从拔节到开始采收这段时间，早中熟品种的水位应保持在10~15厘米，晚熟品种的水位应保持在5~10厘米。60%~80%分蘖进入孕茭时，及时重施膨大肥，每亩施用硫酸钾复合肥30千克。采收前4~5天，每亩施用复合肥25~30千克，采收7~10天后再次施用复合肥25~30千克。

（6）及时采收。茭白肉质茎露出茭壳时应及时收获。采收时割取壳茭，带出田外割叶、分级和包装。

（7）挖除变异株。种苗质量不高的田块应及时挖除灰茭和雄茭，并用孕茭正常的茭墩填补。

5. 夏茭管理

（1）田间清理。秋茭采收结束后应及时排干田水。气温下降到10℃以下时，茭白叶片渐渐枯黄，其地上组织储存的养分逐渐运转到地下组织中。12月底至1月上旬，齐泥割除地上茎叶（见图3.11），带出田外沤制有机肥，减少田间病虫越冬基数，同时，每亩施用新鲜生石灰50千克。

图3.11　齐泥割茬

（2）施足基肥。覆盖地膜前 3 天，每亩施复合肥 25~30 千克，腐熟有机肥 1000~1500 千克或腐熟油菜籽饼肥 100~150 千克。施后灌浅水，任其自然落干，以提高肥料利用率。

（3）适时盖膜。地膜采用厚度为 3 丝的无滴长寿膜；覆盖后，四周用泥土压实，并在行间打孔，间隔 40~50 厘米打 1 个孔，孔洞直径为 0.5~0.7 厘米，利于膜上积水渗入到泥土，防止积水压苗，同时可有效防止膜下局部温度过高灼伤种苗。该阶段，田间应保持 1~3 厘米浅水。

（4）适时揭膜。苗高 20~30 厘米，趁阴天揭膜，或者晴天炼苗 2~3 天后揭膜；及时灌溉浅水 3~5 厘米，并预防病害 1 次。

（5）间苗、定苗。揭膜后 3~5 天应及时间苗和定苗（见图 3.12），采用机械挖除茭墩中部小苗，或手工重压茭墩中部小苗并覆土，每个茭墩四周均匀保留约 25 株长势较一致的健壮种苗。间苗、定苗前 5~7 天，每亩施用复合肥 25~30 千克；间苗、定苗后 10~15 天，每亩施用复合肥 25~30 千克。间苗、定苗期间，水位保持在 5 厘米左右。定苗后田间水位保持在20厘米左右，控制无效分蘖。预防病虫害1次。遇到冷空气，及时灌水保温。

（6）孕茭前管理。孕茭前，适当搁田有利于植株根系向下生长，控制植株过旺长势。

（7）孕茭期管理。茭白茎秆明显增粗，新生叶叶环渐近，即进入孕茭期。这一阶段要严格控制速效氮肥施用量，防止因植株生长过旺导致孕茭延迟。田间水位保持在5厘米左右。

（8）采收期管理。夏茭采收期，肥水管理要求十分严格。一般要求田间有绿萍、田间水源清洁或流动灌溉、田间水位在15~20厘米。采收1~2次后，每亩施用氮磷钾复合肥[氮：磷：钾

图3.12 双季茭白间苗、定苗

=（20~25）：（8~10）：（18~20）]30~35千克；间隔约10天再施用1次，每亩施复合肥20~30千克。

（四）双季茭白双膜覆盖栽培

双季茭白设施栽培因其早熟、优质、高产、高效，在我国南方多地大面积推广应用。其主要原理是：在春季外界气温较低的情况下，利用大棚设施增温、保温，通过光、温、肥、水的科学调控，为大棚茭白创造较为适宜的生长条件，促进茭白早发、快发，提早孕茭和采收。

双季茭白双膜覆盖栽培模式（见图3.13）是在双季茭白设施栽培技术基础上进一步发展而成的，首先在嘉兴桐乡一带推广应用，目

前已经逐渐在浙江省设施茭白产业基地推广应用。双膜覆盖栽培具有四大优势：①采收时间大幅提前，采用大棚膜、地膜双层覆盖，保温增温效果更好，双季茭白采收时间比露地栽培提早40~45天，比大棚膜覆盖栽培提早10~15天；②产值效益明显提升，双膜覆盖栽培与露地栽培比较，产量相仿，但市场销售价格明显提高，产值效益可提高50%~100%；③品质优，双膜覆盖栽培管理精细，采收期间气

图3.13 双季茭白双膜覆盖促早栽培

温凉爽，肉质茎白嫩，品质优良；④孕茭率高，可有效避免因夏季高温导致的不孕茭情况。

1.搭建大棚

种植双季茭白的大棚，根据材质不同，可分为毛竹大棚、钢管大棚，其中台州地区毛竹大棚使用比例较高，其他地区钢管大棚比例较高。大棚宽6米或8米，棚高2.2~2.8米，钢管间距70~80厘米。行距、株距比简易覆膜模式适当减小，行距90~100厘米，株距40~50厘米。大棚以南北走向为宜，长度根据实际情况决定。采用钢管大棚种植茭白，钢管因长期浸泡在肥水环境中极易遭受腐蚀，若在钢管外套用70~80厘米防腐蚀管材（见图3.14），其使用寿命可以延长至20年以上。

2.品种选择

双季茭白温度敏感性强，光照敏感性较弱，满足适宜温度条件是孕茭的关键。一般情况下，大棚双季茭白以夏季早中熟的优质高产品种为宜，目的是与露地茭白错开上市时间，从而取得更好的经济效益。

图3.14　钢管防腐蚀

3. 秋茭定植与管理

（1）适时定植。秋季早熟双季茭白品种宜在6月底至7月初定植，秋季中熟双季茭白品种宜在7月上旬定植；秋季晚熟双季茭白品种宜在7月中旬定植。定植前保持水位10～15厘米，检查田间绿萍生长情况，以绿萍长满田块为宜。

（2）种植密度。早熟双季茭白品种，行距90～100厘米，株距40～50厘米；中晚熟双季茭白品种，株距100～110厘米，行距50～60厘米。单株定植，根系入土约10厘米即可。

（3）分蘖前管理。定植后10～15天种苗成活返青，轻搁田5～7天，促进植株抽生新根、萌发新芽，一周后及时灌水5～10厘米。

（4）分蘖期管理。搁田灌水后约3天施用促蘖肥，每亩施尿素5千克、复合肥10千克。间隔10～15天，每亩施复合肥20～30千克，促进早分蘖，培养大分蘖，并预防病虫害1次。每墩有效分蘖数达到12～15株，灌水20～25厘米或搁田控制无效分蘖。早熟品种在定植后40天左右割除主茎，培养大分蘖。

（5）孕茭期和采收期管理。60%～80%分蘖进入孕茭时，应及时重施膨大肥，每亩施用硫酸钾复合肥30千克；采收前4～5天，每亩施用复合肥25~30千克；采收7~10天后，再次施用复合肥25~30千克。

（6）及时采收。茭白肉质茎露出茭壳时，应及时收获。采收时割取壳茭，带出田外割叶、分级和包装等。

（7）挖除变异株。种苗质量不高的田块应及时挖除灰茭和雄茭，并用孕茭正常的茭墩填补。

4. 夏茭管理

（1）田间清理。秋茭采收结束后，及时排干田间积水，并用12.5%烯唑醇2000~2500倍液叶面喷雾预防病害。气温降至10℃以下时，茭白叶片渐渐枯黄，地上茎叶储藏的养分逐渐运转到地下组织中。12月中旬至1月中旬，齐泥割除地上茎叶，并整齐堆放在行间，用于支撑地膜。

（2）施足基肥。大棚覆膜前3天，每亩施腐熟有机肥1000~1500千克或腐熟油菜籽饼肥100~150千克、复合肥30千克、氯化钾15千克。施后灌浅水，自然落干，以提高肥料利用率。

（3）适时盖膜。晴天无风天气覆盖大棚膜和地膜，大棚内土壤宜保持湿润。大棚膜采用厚度为6丝的无滴长寿膜，地膜采用厚度为1.5丝的无滴长寿膜，地膜两头拉紧，中间悬空，以利于种苗生长（见图3.15）。

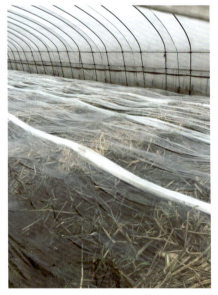

（4）揭除地膜前温湿度管理。双层膜覆盖后30~40天，茭白苗高度可达到30~40厘米。若晴天大棚内温度过高，则易导致植株徒长，茭白苗质量下降，不利于后期管理，故棚内温度达到20~25℃时，应及时掀开大棚两边棚膜通风降温降湿；检查田间

图3.15　覆盖地膜

湿度，土壤表土微白，应于晴天上午 10~12 时灌溉薄水，防止湿度过低抑制茭苗生长。

（5）揭地膜。苗高 30~40 厘米，趁连续 2~3 天阴雨天气揭除地膜，或者晴天早揭晚盖，炼苗 2~3 天后于傍晚揭膜；及时灌溉浅水 3~5 厘米，预防病害 1 次。

（6）间苗、定苗。揭膜后 3 天左右间苗、定苗，用间苗机械割除茭墩中部茭苗或人工重压茭墩中间小苗并覆土，每个茭墩均匀保留 25 株左右长势较一致的健壮茭苗，每亩施用复合肥 20 千克；苗高 40~50 厘米定苗，每墩保留长势较一致、分布较均匀的粗壮茭苗 18~20 株，每亩施用复合肥 30 千克。间苗、定苗期间，田间保持 5~10 厘米浅水；定苗后 7~10 天，田间保持 20 厘米水位，以控制无效分蘖；预防病害 1 次。

（7）孕茭前温湿度管理。定苗后，根据大棚内温湿度情况及时通风降温降湿。上午棚内温度达到 20~25℃时，及时掀膜通风降温降湿；即使遇到持续阴雨天气，也应抢晴通风。当外界温度稳定在 20℃ 以上时，揭除大棚膜，但要保留裙膜。揭膜后，宜轻搁田，以利于植株根系向下生长，控制植株长势；控制肥料用量，防止植株旺长，若确实长势过弱，每亩施用复合肥 5~10 千克或喷施叶面肥 1~2 次。

（8）孕茭期管理。揭除大棚膜后，茭白植株长势变缓，株型更加紧凑，茎秆增粗，新生叶叶环渐近，即进入孕茭期。这一阶段，要严格控制速效氮肥施用量，防止因植株生长过于旺盛而导致延迟孕茭；根据田间长势，傍晚叶面喷施钾元素含量较高叶面肥 1~2 次，促进孕茭。田间水位保持在 10 厘米左右。

（9）采收期管理。夏茭肉质茎脆嫩，对采收时间、采收期肥水管理要求严格。一般要求田间保持 10~15 厘米水层，水面长满绿萍，田间水源清洁或流动灌溉；上午 10 时以前采收茭白，采收 1~2 次后，每亩施用硫酸钾复合肥氮：磷：钾 = [（20~25）：（8~10）：（18~20）] 30~40 千克；间隔 10 天左右再施用 1 次，用量同前。

（五）双季茭白沼液灌溉

1. 沼液检测

灌溉沼液前1个月，严格检测规模养殖场贮液池中的沼液主要成分，要求经稀释灌溉到大田的沼液重金属指标满足GB 5084—2021《农田灌溉水质标准》的要求。

2. 品种选择

结合各地栽培习惯和市场需求情况，科学选择双季茭白优良品种。同时，早、中、晚熟茭白配套，错开上市时间，从而取得较好效益。早熟优质品种包括浙茭7号、浙茭8号、浙茭911等，中熟品种包括浙茭6号、梭子茭等，晚熟品种包括龙茭2号、浙茭10号等。

3. 种苗培育

灌溉沼液的田块，不宜留种。从未灌溉沼液的露地栽培的田块，夏季精选带茭苗，秋季精选直立茎，并通过分次繁殖，培育优良茭白种苗。要求茭白采收进度达到10%~30%时选择符合优良品种主要特征特性的茭墩，在分次扩繁过程中，要注意去除匍匐茎，提高种苗质量。

4. 大田准备

茭白产区水旱轮作相对较困难，但仍应尽量与莲藕、水稻等作物轮作，以减少病虫为害，利于优质高产。定植前20天，每亩灌溉充分厌氧发酵的氨氮值为2000毫克/升的沼液30~40吨，要求田间分布均匀，并翻耕整地；移栽前2天，每亩施复合肥20千克，整细，耕平，备用。

5. 秋季栽培

（1）灌水养萍。定植前5~7天，田间应保持水位10~15厘米，放养绿萍，降低水温，提高种苗存活率。定植时，以绿萍长满田块为宜。

（2）适时定植。早熟品种在6月底至7月初定植；中晚熟品种在7月中下旬定植。定植密度为行距100厘米，株距40~50厘米。

（3）水层管理。秋茭定植，气温高，茭白种苗宜随挖随栽，以免烂苗，而且田间水位应保持在15厘米以上；定植一周后，种苗成活，及时降低水位到5厘米左右，促进分蘖；定植40天后，及时去除主茎，促进分蘖生长；孕茭至采收期，水位提高到10~15厘米。

（4）施肥。一般情况下，由于沼液施用充足，早熟品种不再施用茭白分蘖肥；晚熟品种，在种植后30天、40天各灌溉1次沼液，每亩用量10吨，进入大田后，沼液浓度控制在500毫克/升。孕茭肥施用过早易导致茭白徒长，茭白孕茭率降低，品质变劣，故应在50％茭墩孕茭后再施用孕茭肥更为适宜，每亩施用20千克碳酸氢铵。

（5）病害防控。灌溉沼液以后，茭白病虫为害明显减轻，但是仍然要注意预防，不可掉以轻心。分蘖盛期，孕茭前半个月选用30％苯甲·丙环唑乳油5000倍液、75％代森锰锌可湿性粉剂800倍液预防1次病害。

（6）去杂去劣。孕茭期和采收期，应及时挖除灰茭、雄茭及结茭少的茭墩，保持品种纯度，确保夏茭产量和品质。

（7）及时采收。茭白露白时应及时收获。采收时割除壳茭，注意不要撕伤邻近的分蘖。

6 夏茭管理

（1）田间清理。秋茭采收后，加强田间管理，排干积水，适当搁田，促进根系生长。气温降到5℃以下时，茭白叶片就开始枯黄，地上部分枯死后，齐泥割除，带出田外资源化利用，如沤制有机肥，减少田间病虫越冬基数；

（2）施足基肥。割除地上茎叶3~10天，每亩灌溉充分厌氧发酵的氨氮值为2000毫克/升的沼液10~20吨，进入大田后，氨氮浓度控制在500毫克/升，每亩施用复合肥20千克、氯化钾10千克。田间落干一周后再覆盖地膜。

（3）盖膜揭膜。地膜覆盖时间以1月底至2月上旬为宜；为了防止膜上积水以及膜下温度过高烫伤茭白植株，覆膜前应每隔40厘米打直径为 0.5~0.7 厘米的小孔，或者覆盖后在行间打孔，每隔 40 厘米打直径为 0.5~0.7 厘米的小孔；茭白植株高度达到 20~30 厘米时及时揭膜。

（4）间苗、定苗。茭苗 2~3 叶期，用手重压茭墩中间小苗，再取茭墩周围的泥土覆盖；茭苗高 20~40 厘米时进行间苗、定苗，每墩留 20 株壮苗，以后保持这个苗量，直至孕茭。定苗后，及时用 50％ 异菌脲可湿性粉剂 1000 倍液或 10％ 苯醚甲环唑 2000 倍液喷雾预防病害 1 次。

（5）肥水管理。追肥遵循"促—控—促"的施肥原则，即分蘖期多施肥促进分蘖生长，孕茭前控制施肥促进孕茭，孕茭中后期施肥促进肉质茎膨大。

苗高 10~20 厘米时，施用促蘖肥，每亩灌溉充分厌氧发酵的氨氮值为 2000 毫克／升的沼液 10 吨，进入大田后，沼液浓度控制在 500 毫克／升左右；隔 10 天施 1 次分蘖肥，每亩施用复合肥 20 千克，连施 2 次。70％ 茭墩孕茭后，每亩施用复合肥 20 千克或每 10 天每亩施用碳酸氢铵 30 千克，促进肉质茎膨大，提高产量。注意碳酸氢铵不要施在茭墩上，防止肥害。

施用基肥后，即灌溉浅水，除孕茭期、采收期保持水位 10~15 厘米外，其他时期保持 3~5 厘米浅水即可。

（6）及时采收。茭白露白时，及时收获。

复习思考题

1. 怎样做好山地茭白栽培的种苗培育？

2. 怎样做好单季茭白冷水灌溉栽培的冷水管理？

3. 怎样做好双季茭白简易覆膜栽培的大田准备工作？

四、病虫防治

为害茭白的主要病害有胡麻叶斑病、锈病、纹枯病、细菌性基腐病等，主要虫害有二化螟、长绿飞虱、蓟马等。由于茭白种植模式及环境条件的变化，茭白病虫害的发生规律有所改变，因此生产中要加强病虫预测预报工作。

（一）防治原则

坚持"预防为主，综合防治"的植保方针，坚持"农业防治、物理防治、生物防治为主，化学防治为辅"的无害化控制原则，优先使用物理、生物防控技术，推荐使用环境友好型高效低毒药剂和弥雾机喷雾防治。

（二）防治方法

1. 农业防治

（1）精选种苗。选用直立茎或带茭苗繁育的结茭整齐、无病虫害的健壮种苗。

（2）冬季清园。结合冬前割茬，清理枯枝病叶，铲除田边杂草，带出田外集中处理或烧毁，压低越冬病虫基数。

（3）施用石灰。定植前 7~10 天，每亩施用新鲜生石灰 50~75 千克，杀菌消毒。

（4）合理稀植。合理稀植，定植行向与种植地主要风向一致，利于通风降湿。

（5）搁田剥叶。适时、适度搁田，提高根系活力，增强植株抗病能力；茭白生长期，分次剥除植株基部黄叶、病叶和无效分蘖，改善通风透光条件。

（6）科学施肥。基肥增施有机肥，追肥增施钾肥、硅肥，不偏施氮肥。

（7）科学轮作。提倡与旱生作物或水稻轮作，或与莲藕、水芹、荸荠、慈姑等水生蔬菜轮作，减轻病虫为害。

2. 物理防治

（1）杀虫灯诱杀。3月下旬至4月上旬，在越冬代成虫羽化以前，每10亩安装1盏太阳能杀虫灯[见图3.16（a）]，既可以有效诱杀螟虫、长绿飞虱等迁飞性害虫，又可以预测预报虫情。灯具安装位置要求高出茭白植株顶部1米以上，四周应无遮挡光线的障碍物。

（a）太阳能灭虫灯

（b）二化螟性诱剂

图3.16　物理诱杀螟虫

（2）性诱剂诱杀。根据各地虫情预测预报，3月下旬至5月上旬，每亩放置1~2只二化螟诱捕器，内置1枚诱芯 [见图 3.16 (b)]，按照诱芯有效期及时更换诱芯。

（3）人工除卵。在二化螟产卵高峰期，结合田间管理，人工摘除卵块。

3. 生物防治

（1）水生动物捕食。田间放养麻鸭 [见图 3.17 (a)]、甲鱼 [见图 3.17 (b)] 等可控制草害和福寿螺等为害。每亩茭白田套养麻鸭 3~5

（a）茭白与麻鸭共养

（b）茭白与甲鱼共养

图3.17　茭白与麻鸭、甲鱼等共养

羽或甲鱼30~40只。

（2）植物诱集。在茭白田周围较宽阔的道路和沟渠坡道两侧、田埂上种植香根草，诱集二化螟产卵，并集中处理；田埂上分批种植蜜源植物（硫磺菊、波斯菊等），为天敌提供食料和栖息环境（见图3.18）。

（3）释放天敌。在二化螟产卵高峰期，释放稻螟赤眼蜂等卵寄生蜂（见图3.19），每亩释放60万~80万头寄生蜂。

图3.18　种植蜜源植物和香根草等

图3.19　释放寄生蜂防控二化螟

4.识别与防治

（1）胡麻叶斑病。

①病害诱因：真菌性病害。病原菌以菌丝体和分生孢子在茭白植株病叶上越冬，高温高湿环境、连作田块、田间较郁闭及土壤肥力不足的田块受害严重。病原菌生长适宜温度为15~35℃，最适温度28℃，相对湿度85％以上。

②识别诊断：主要为害叶片和叶鞘，从下部叶片开始，向上部叶片扩展，病叶由叶尖向下枯黄。发病初期，叶面密生针头状褐色小点，外面有黄色晕圈，后扩大为褐色纺锤形、椭圆形大小和形状如芝麻粒的病斑。病斑由界线分明的4层组成，最外层为淡黄色晕圈，次外层为黄褐色，第三层为黑褐色，病斑中心后期为灰白色（见图3.20）。

图3.20 胡麻叶斑病

③防治策略：做好农业防治工作，及时清理田园，分蘖期每亩用50％异菌脲可湿性粉剂1000倍液、75％代森锰锌可湿性粉剂800倍液50千克交替防治，连用2次；发病初期，每亩用25％咪鲜胺乳油800~1000倍液或25％丙环唑乳油2500~3000倍液50千克交替防治，掌握药液施用量，以叶面喷湿不流滴为准。每隔7~10天防治1次。

孕茭期禁止使用。

（2）锈病。

①病害诱因：真菌性病害。病原菌以菌丝体和冬孢子在茭白植株病叶上越冬，喜温暖气候，高温、多湿、偏施氮肥的田块病害较重。病原菌生长适宜温度为8~30℃，气温在14~24℃时最适于孢子发芽和侵染。

②识别诊断：主要为害叶片和叶鞘。发病初期，叶片正反面及叶鞘等受害处均出现褐色隆起的小疱斑（夏孢子堆），10月下旬以后，出现灰色至黑色小疱斑（冬孢子堆）（见图3.21）。

③防治策略：翻耕前每亩施用50千克生石灰，调节土壤pH值；越冬期间，清理田园，在做好农业防治工作基础上，在分蘖期做好预防工作，每亩用70%甲基硫菌灵可湿性粉剂稀释800倍液喷雾防治，连用2次；发病初期，用50%吡唑醚菌酯水分散粒剂1500倍液复配10%苯醚甲环

图3.21　锈病

唑水分散粒剂2000~3000倍液50千克进行叶面喷雾防治，每隔7~10天防治1次，连喷2次。孕茭期禁止使用。

（3）纹枯病。

①病害诱因：真菌性病害。一般来说，病原菌在土壤中或茭白植株病叶上越冬，田间遗留的菌核基数高、高温高湿、田间郁闭、偏施氮肥的田块发病重。病菌繁殖适宜温度为25~32℃，相对湿度为95%以上。

②识别诊断：主要为害叶鞘和叶片。发病初期，近水面叶鞘上产生暗绿色水渍状椭圆形小斑，后扩大并相互连合成云纹状大斑，病斑边缘深褐色，发病与健康部位界线清晰，病斑中部淡褐色至灰白色（见图3.22）。

图3.22　纹枯病

③防治策略：加强通风透光，降低田间湿度，可以有效减轻病害。发病初期，每亩用24％井冈霉素水剂1500~2000倍液或30％噻呋酰胺悬浮剂2000~2500倍液50千克进行叶面喷雾防治，每隔7~10天防治1次，连喷2次。

（4）细菌性基腐病。

①病害诱因：细菌性病害。病原菌在茭白植株病叶上越冬。氮肥过多过迟、长期灌深水的田块发病较重。孕茭期初见，采收期严重，通风透光条件差时易发病。

②识别诊断：从植株基部的地上节位开始发病，分蘖心叶先发黄、枯萎直至死亡，随后从发病节位向下蔓延，导致整个地上茎发病。分蘖基部腐烂变软，无纤维残留，发病节位易拔起。基部臭味浓烈，手捻有黏滑感（见图3.23）。

③防治策略：分蘖末期做好预防工作，每亩用90％新植霉素可湿性粉剂12~15克，兑水50千克进行叶面喷施；发病初期，每亩用20％噻唑锌悬浮剂100~150克或1.5％噻霉酮水剂800~1000倍液50千克进行喷雾防治，每隔7~10天叶面喷施1次，连喷2次。

（5）二化螟。

①分布：属鳞翅目螟蛾科，是为害茭白最严重的虫害。在水稻、茭白种植区均有分布。

②识别诊断：主要以幼虫为

图3.23　细菌性基腐病

害作物。卵孵化后，1龄幼虫从结构疏松的叶鞘外侧蛀入，呈绛褐色水渍状斑块；2龄以后，转移为害内侧叶鞘，且多在叶鞘下部（见图3.24）。随着虫龄增大，幼虫逐渐侵入主茎，造成心叶枯死，在孕茭期则为害茭肉。

图3.24　二化螟为害叶鞘的症状

③防治策略：以物理防治和生物防治为主，再结合虫害发生实际情况，必要时采用高效低毒无公害生物农药对靶施药。在卵孵化高峰或低龄幼虫期，选用 40％氯虫·噻虫嗪水分散粒剂 3000~5000 倍液或 1.8％阿维菌素乳油 1000~1200 倍液 50 千克，重点喷雾防治叶鞘部位；施药时，田间应保持浅水位，提高防效。

（6）大螟。

①形态特征：大螟头胸部灰黄色，腹部淡褐色。雌蛾触角短栉形，雄蛾触角丝形。前翅近长方形，淡褐色，近外缘色稍深，翅面有光泽；外缘线暗褐色；翅中部沿中脉直达外缘，有明显的暗褐色纵线，此线上下各有 2 个小黑点。后翅银白色，外缘线稍带淡褐色。卵块（位于叶鞘内侧）多呈带状，卵粒平铺，常排列成 2~3 行。卵初产为白色，后变为褐色、淡紫色。幼虫体较粗壮，头部红褐色或暗褐色，胸腹部淡黄色，背面带鲜黄色或紫红色。蛹圆筒形，长 13~15 毫米（雄）和 15~18 毫米（雌）。初为淡黄色，后变黄褐色，尤以背面颜色较深，并被白粉。头顶中央粗糙，并有刺状小突起。翅近端部在腹面有一小部分结合。腹部第一至第七节背面近前缘部分，刻点密且色深，第五至第七节腹面也散生刻点。臀棘很短，背面和腹面各具 2 个小型角质突起。

②发生规律：大螟每年发生代数因地而异，一般发生 3~5 代。在浙江不同茭区，以第一代幼虫为害夏茭较重，第一代幼虫为害盛期在 5 月下旬至 6 月上旬，能造成茭白枯心；第二代幼虫为害盛期在 7 月中下旬，能造成双季茭秋茭和单季茭枯心和一部分分蘖成为虫伤株；第三代幼虫为害盛期在 8 月中下旬，能蛀食茭白果肉；第四代幼虫在 9 月中下旬造成为害。成虫多在晚上 7—8 时羽化，其飞翔力和趋光性不强，但黑光灯下诱蛾较多。成虫白天躲在杂草中或茭白植株基部，晚上 8—9 时开始活动，进行交尾。卵多产茭白植株叶鞘内，羽化后第 3~5 天产卵数量最多，大部分卵产在田埂边茭白植株上，少部分产在田埂上的杂草上。第三代成虫产卵最多。幼虫多在上午 6—9 时孵

出。孵出后，群居取食，同时吃掉卵壳。第 2、3 龄食量增大，分散至附近植株，从叶鞘基部外侧咬入为害；第 4、5 龄食量更大。被害茎秆虫孔大，排泄大量虫粪，易与其他螟虫为害症状区别。幼虫老熟后身体缩小，停食不动，经过 2 天左右化蛹。初化蛹为乳白色，后颜色变深，逐渐呈棕黄色，头部附有白粉。第一代多在茭白茎和枯叶鞘内化蛹，少数在杂草茎中及泥土中。第二代多在距水面 0.03 米左右的叶鞘内化蛹。

③为害特点：为害症状基本上同茭白二化螟。主要观察受害的茭白薹管中是否有虫粪，大螟虫粪很多，一般排出孔外。

④防治策略：参考二化螟，但灯光诱杀用黑光灯效果更好。

（7）长绿飞虱。

①分布：属同翅目飞虱科，是为害茭白的主要害虫，在茭白产区均有为害。

②识别诊断：若虫［见图 3.25（a）］共分 5 龄，初乳白色稍透明，1 龄后有蜡粉，腹端拖出的 5 根蜡丝似白绒状物，1~2 龄无翅芽，3 龄后体变绿色，4 龄前翅芽短于或接近后翅芽，5 龄前翅芽完全覆盖后翅芽。成虫［见图 3.25（b）］雄体长 5~6 毫米，雌体长 5.7~7 毫米，体淡绿色，复眼、单眼呈黑色或红褐色。成虫、若虫刺吸茭白叶片汁液，被害叶出现黄白色至浅褐色或棕褐色斑点，叶片从叶尖向基部逐渐变黄干枯，排泄物覆盖叶面形成煤污状，植株成团枯萎，成片枯死，植株萎缩矮小。

③防治策略：在越冬卵大部分孵化但未扩散前，重点针对连作田块、野生茭白施药，压低虫口密度。同时，长绿飞虱常与二化螟混合发生，可以兼治，并注重封行前压低基数的防治策略。可用 70% 吡虫啉水分散粒剂 1000 倍液或 25% 噻嗪酮可湿性粉剂 2000 倍液 50 千克叶面喷雾防治。

（8）白背飞虱。

①分布：白背飞虱，属同翅目飞虱科，具有长距离迁飞习性，广

（a）若虫　　　　　　　　　　（b）成虫

图3.25　长绿飞虱

泛分布在水稻、茭白种植区。

②识别诊断：成虫有长、短翅型。长翅型，体长3.8~4.5毫米，灰黄色，头顶显著向前突出，前胸背板黄白色，中央有3条不明显的隆起线，小盾片中央黄白色，雄虫两侧黑色，雌虫两侧茶褐色，前翅半透明，两前翅会合线中央有一黑斑。短翅型雌成虫体长约4毫米，色较暗，体肥胖，翅短，仅及腹部的一半。短翅型雄虫很少见。卵长约1毫米，长椭圆形，稍弯，卵块中卵粒成单行，排列较松散，卵帽不露出产卵痕。若虫共5龄。3~5龄若虫体灰褐色，第3、4腹节背面各有1对乳白色三角形斑。

③防治策略：白背飞虱对温度适应性较强，15~30℃都可正常生长发育。对湿度要求较高，以相对湿度80%~90%为宜，可取食各生育期的茭白，但以分蘖盛期最为适宜。一般初夏多雨、盛夏干旱是发生的预兆。凡密植增加田间荫蔽度、田间湿度高，多施和偏施氮肥，不适时搁田、晒田的田块，受害都较重。成虫、若虫群集在茭白植株基部，刺吸汁液，使茭白叶片发黄，严重时引起整株枯死。卵孵化高峰期，每亩用25%噻嗪酮可湿性粉剂15~20克或10%吡虫啉可湿性

粉剂20~25克，兑水45~60千克喷雾防治；若虫发生高峰期，可用25%噻嗪酮可湿性粉剂30~40克或70%吡虫啉水分散粒剂5克，兑水45~60千克喷雾防治。

（9）蓟马。

①发生特点：一年可发生10~20代，第二代开始出现世代重叠，以成虫在茭白植株上、田边杂草上越冬。在浙江，越冬成虫进入茭白田、水稻田后即可产卵，成虫营两性生殖或孤雌生殖，5—6月卵期8天，若虫期8~10天，成虫羽化后1~2天即可产卵，2~8天即可进入产卵高峰，每只雌虫产卵50粒以上。卵多产在幼嫩组织上，群集为害，喜温暖、干旱天气。产卵适宜温度18~25℃，湿度40%~70%。当空气湿度达到100%，气温高于27℃时，虫口数量明显下降；高于31℃时，虫口数量下降更加明显。

②识别诊断：主要为害幼嫩的组织，以未展开的新叶为主。幼叶受害后，叶色失绿呈灰色，无光泽，为害严重的田块叶片卷曲（见图3.26）。

为害嫩叶　　　　　　　　　　蓟马为害，导致卷叶

图3.26　蓟马为害症状

③防治策略：冬季加强田边杂草清理，减少越冬虫口基数；每亩用34%乙多·甲氧虫悬乳剂2000~2500倍液或25%噻嗪酮悬浮剂2000倍50千克叶面喷雾，间隔5~7天再防治1次。

（10）稻苞虫。

①形态特征：成虫长17~19毫米，体背及翅黑褐色有金黄色光

泽，触角棍棒状，前翅有白色半透明斑纹7~8个，排列成半环形；后翅，直纹稻弄蝶中央有4个半透明白斑，排列成一直线，隐纹稻弄蝶无斑纹。稻弄蝶以幼虫食叶为害茭白。直纹稻弄蝶老熟幼虫体长约35毫米，头部正面及两侧有"山"字形褐纹。隐纹稻弄蝶长约36毫米，幼虫头部两侧有1条垂直暗红色纹。

②发生规律：以老熟幼虫和部分蛹在茭白、稻桩和杂草丛中结苞越冬。成虫日伏夜出，喜食花蜜，有趋嫩绿产卵习性。卵多产在嫩绿叶片背面，1~2龄幼虫多在叶尖或叶边纵卷成单叶苞，3龄后能缀成多叶苞，躲在其中取食，老熟后在苞内化蛹，少数因叶片被吃光而转移到稻丛中下部枯叶作茧化蛹。在浙江一年发生4~5代，第一代幼虫发生在5月中下旬，主要为害早插早稻和茭白；第二代幼虫发生在6月下旬至7月上旬，为害迟插早稻、单季稻和茭白；第三代幼虫发生在7月下旬至8月中旬，为害早插连作晚稻和茭白；第四代发生在9月，为害晚稻和茭白；第五代发生在10月，为害迟熟晚稻。该虫发生为害与6—8月的雨量、雨日和温湿度条件关系密切，以7—9月为害最重。

③为害特点：稻苞虫为害茭白时的缀苞形式与为害水稻时不同，多数情况下1张叶片1个苞，将叶片从中上部横折下来，吐丝缀合，然后取食叶片端部，形成约10厘米长的虫苞，幼虫即在中肋与叶缘中间取食，仅留中肋和丝状的叶缘，以后又转移为害。也有少数幼虫将叶片纵卷，但在纵卷的虫苞中多是低龄幼虫，老熟幼虫必做横苞，以便在其中化蛹，蛹苞呈纺锤形。绝大多数情况下，每个虫苞只有1条幼虫，极少数有2条幼虫。

④防治策略：采用人工捕（诱）杀方法，利用蜜源植物集中捕杀成虫；在幼虫为害初期可摘除虫苞，在水稻孕穗前采用拍、捏等方法消灭虫苞；在低龄幼虫时，每亩用18%杀虫双水剂200毫升或20%除虫脲悬乳剂20~30毫升或5%氟苯脲乳油50毫升，也可用50%杀螟丹可湿性粉剂800~100克或苏云金杆菌乳剂800~1000倍液喷雾防治。

（11）福寿螺。

①形态特征：福寿螺由头部、足部、内脏囊、外套膜和贝壳5个部分构成。头部圆筒形，有前、后触手各1对，眼点位于后触手基部，口位于吻的腹面。头部腹面为肉块状的足，足面宽而厚实，能在池壁和植物茎叶上爬行。贝壳短而圆、大且薄，壳右旋，有4~5个螺层，体螺层膨大，螺旋部极小，壳面光滑，多呈黄褐色或深褐色。

②发生规律：福寿螺一生经过卵、幼螺、成螺三个阶段。在浙江省发生为不完全二代，包括越冬代和第一代，世代重叠。福寿螺主要以幼螺、成螺在农田、山塘、池塘、沟渠及土壤中越冬，越冬代成螺一般为直径2~3厘米的中型螺。翌年3月下旬至4月上旬开始活动，4月至7月中旬和9月中旬至11月是福寿螺的2次繁殖高峰期。4月上中旬福寿螺成螺开始产卵，卵可以产在茭白植株、杂草、石块等任何物体上，但主要产在离水面10~40厘米的茭白植株基部。初产卵块呈明亮的粉红色至红色，在快要孵化时变成浅粉红色。5月第一代成螺开始产卵，6月气温升高产卵量明显增加，7—8月成、幼螺量达到最高峰，9—10月数量开始下降，11月开始，福寿螺随气温的下降进入茭白丛基部或其他地方越冬。

③为害特点：在茭白田，幼螺孵化后开始啮食茭白幼苗，尤其嗜食幼嫩组织包括茭白的小分蘖，茭白孕茭后为害茭白肉质茎，影响茭白的品质。

④防治策略：福寿螺冬季在溪河渠道、茭田水沟低洼积水处越冬，故应对越冬场所进行施药处理；茭白定植后，四周开沟，分蘖期间搁田1~2次，把福寿螺引到水沟，集中施药处理；茭白大田进水口处设置拦集网等，可有效阻止福寿螺在茭白田间的相互传播；幼螺期间，利用茭白田套养鱼、鸭、中华鳖等捕食福寿螺，控制其发生数量；排浅水位，每亩拌土撒施四聚乙醛500~700克或茶籽壳粉20千克。

（12）茭白主要草害及其防治。

为害茭白的主要杂草包括满江红、空心莲子草、节节菜、鸭舌草、鬼针草、眼子菜、碎米莎草、鳢肠、千金子等。

茭白生产中杂草防控技术，以人工拔除或茭白田养鸭（鱼）控制草害为主。

 复习思考题

1. 茭白病虫害的防治原则有哪些？
2. 怎样做好茭白病虫害的物理防治？
3. 怎样识别和防治茭白锈病？

五、高效模式

（一）生态种养

利用茭白田空间和水面进行动物养殖，通过动物食取虫草等有害生物，减少茭白生产过程农药的使用量。同时，茭白田养殖产生的动物残饵及粪便也是很好的有机肥料，能促进茭白生长，有利于提高产量、改善品质，经济、社会和生态效益显著。目前可供套养的经济动物有鸭、鱼、鳖、蟹、小龙虾、鳝、鳅等。

1. "茭白－麻鸭"套养模式

指在茭白田中适时养殖麻鸭的一种生态种养模式，主要包括以下技术环节。

（1）品种选择。单季茭白品种宜选择美人茭、丽茭1号、金茭1号、十月茭等，双季茭品种宜选择浙茭系列品种及龙茭2号、余茭4号等。麻鸭宜选择缙云麻鸭、绍兴麻鸭等品种，选择30~50日龄，并已做好病毒性肝炎、禽流感、鸭瘟免疫的健康麻鸭。

（2）防护措施。在茭白田四周建防逃围栏，用木桩或水泥桩立柱加固，再用铁丝网或塑料网固定在木桩或水泥桩上，围栏高度60~80

厘米，底部空隙不大于 5 厘米，以 3~5 亩为 1 个养殖区域。选择茭白田边地势较高、相对平坦、干燥的地方建造鸭舍。1 个养殖区域鸭舍面积 2~4 平方米，高度为 80~100 厘米，门宽度为 40~50 厘米。

（3）茭白定植。在茭白定植前，每亩施用生石灰 50~100 千克。单季茭白在 10 月上旬至 11 月中旬或 3 月上旬至 4 月中旬定植，宜采用宽窄行栽植，宽行行距 80~100 厘米，窄行行距 35~40 厘米，株距 30~40 厘米。每穴 2~3 苗，高山地区每穴 3~5 苗。双季茭白在 6 月下旬至 7 月中旬定植，行距 90~100 厘米，株距 40~50 厘米，单株定植。

（4）麻鸭投放。麻鸭投放前 10~15 天，现配现用 10~15 倍生石灰乳液，或 5% 火碱水喷洒鸭舍。麻鸭防疫按照 NY/T 5339—2017《无公害农产品　畜禽防疫准则》要求执行。1 日龄病毒性肝炎蛋黄抗体颈部注射免疫，10~14 日龄禽流感疫苗颈部注射免疫，30~40 日龄鸭瘟冻干疫苗胸部注射免疫，50 日龄禽流感疫苗颈部注射免疫。

4 月中旬至 6 月上旬、茭白定植 1 个月后投放麻鸭，宜在晴天上午 6—9 时投放。选择 30~50 日龄、质量 0.5 千克以上的健康麻鸭，宜选择公鸭。每亩放养麻鸭数量 3~5 只，每个养殖区域不超过 15 只为宜。麻鸭运至茭白田边，静置半小时后，按养殖区域投放。1 周内适时补饲，宜补饲玉米饲料，补饲量为每天 25~50 克，补饲时间为傍晚麻鸭进舍前。

（5）茭白田间管理。植株分蘖后期和孕茭期保持 10~15 厘米水位，冬季休眠期茭田保持湿润，其他时期保持 3~5 厘米水位。施肥要求见表 3.1、表 3.2。

（6）病虫害防治。麻鸭一旦发病，应及时隔离，治愈后再放入茭白田。兽药使用按照 NY/T 5030—2016《无公害农产品　兽药使用准则》要求执行。病死鸭处理按 NY/T 5339—2017《无公害农产品　畜禽防疫准则》要求执行。茭白病虫害防治参见本章病虫防控部分。

表3.1　单季茭白施肥要求

施肥时间	肥料种类	每亩施肥量／千克
定植前	氮：磷：钾为16：16：16的三元复合肥或相当量复合肥	20～30
缓苗后	尿素或相当量氮肥	7～10
定苗后	氮：磷：钾为20：10：18的三元复合肥或相当量复合肥	20～25
分蘖期	氮：磷：钾为20：10：18的三元复合肥或相当量复合肥	30～50
孕茭期	氮：磷：钾为16：16：16的三元复合肥或相当量复合肥	30～50

表3.2　双季茭白施肥要求

施肥时间	肥料种类	每亩施肥量／千克
秋茭定植前	氮：磷：钾为16：16：16的三元复合肥或相当量复合肥	20～30
秋茭缓苗后	尿素或相当量氮肥	5～10
秋茭分蘖期	氮：磷：钾为20：10：18的三元复合肥或相当量复合肥	20～30
秋茭孕茭期	氮：磷：钾为16：16：16的三元复合肥或相当量复合肥	30～40
夏茭萌芽期	氮：磷：钾为20：10：18的三元复合肥或相当量复合肥	20～25
夏茭分蘖期	氮：磷：钾为20：10：18的三元复合肥或相当量复合肥	30～50
夏茭孕茭期	氮：磷：钾为16：16：16的三元复合肥或相当量复合肥	30～50

（7）收获。茭白移栽一个月后放鸭，当60％茭白孕茭时，要及时将鸭赶出田外，进入饲养棚，否则鸭子会取食茭白小分蘖或影响茭白孕茭膨大。孕茭部位明显膨大，叶鞘一侧略开张、露出0.5～1.0厘米宽的肉质茎时采收，间隔2～3天采收1次。

2."茭白－鱼"套养模式

茭白田养鱼多在山区单季茭白田进行，时间从3月下旬茭白定植后开始放养，至9月茭白采收时为止。只要做好鱼沟和鱼坑，保证终年有水，就能满足茭白田养鱼用水。主要种养技术要点如下。

（1）加高加固田埂。要求田埂宽50厘米以上，加高40～50厘米，夯实，防止漏水和溢水。

（2）做好防逃设施。防逃设施建于进排水口及平水缺的地方，可用尼龙网作拦鱼栅防止逃鱼，同时过滤、拦截和防止杂物进入田间。其上部高于田埂20～30厘米，下部埋入泥中15～20厘米，两边应宽于进排水口和平水缺。拦鱼栅网眼大小要求既能防止逃鱼，又便于水体流动。

（3）开好鱼沟鱼坑。鱼沟开于田间，宽50~60厘米，深30厘米，呈"十"字形、"田"字形、"井"字形等开挖，相互贯通，并与鱼坑连通。在山区，每亩挖2个长2米、宽和深各80~100厘米的鱼坑；平原地区，在田边开挖正方形、长方形鱼坑。鱼沟、鱼坑的总面积一般以茭白田面积的10%左右为宜。

（4）做好田块消毒。新种茭田在茭白定植前或放养前10天做好消毒处理，用生石灰或茶籽饼进行消毒，杀死害鱼、蛙卵、蝌蚪、水生昆虫、部分水生植物、鱼类寄生虫和病原菌等敌害生物。

（5）放鱼时间、规格。茭白定植后7~10天（待施用的化肥全部沉淀后）或土壤消毒处理后10天放养。放养前需对鱼苗用3%食盐水浸泡消毒10分钟。可将草食性鱼类（草鱼、鳊鱼等）与杂食性鱼类（鲤鱼、鲫鱼等）按一定比例混养。鱼苗规格要求在5厘米以上，主养草鱼时，每亩放养鱼苗250尾，其中草鱼占65%，鲤鱼等占35%；主养鲤鱼时，每亩放养鱼种200尾，其中鲤鱼占40%，其他鱼占60%。

（6）茭田管理。施肥应以基肥为主，追肥为辅；以有机肥为主，无机肥为辅。注意不要将肥料直接施入鱼沟。农药应选择对口的低毒高效品种，禁止使用对鱼类敏感的农药。施药前加水至20厘米左右，并尽量避免农药滴入田内造成鱼类死亡。鱼病防治可以每隔20天左右将漂白粉兑水全田泼洒1次，预防鱼病。

根据需要投喂人工饲料，以细绿萍和卡洲萍作辅助饲料，以麦麸、米皮糠、豆饼、豆腐渣、菜饼等为精饲料，定点、定量和定时投喂。

（7）田鱼捕捞。捕捞时，先将鱼沟疏通，然后放水，使鱼汇集于鱼坑，集中捕捞。

3. "茭白－泥鳅"套养模式

（1）田块改造。加高加固田埂，四周设置防盗网，开挖鳅沟和鳅窝。鳅沟是泥鳅活动的主要场所，可开挖呈"井"字形或"口"字形，以沟宽40厘米、沟深50厘米为宜。鳅窝设在田块的四角或对角，鳅窝为2米×2米、深50~60厘米，鳅窝与鳅沟相通。鳅沟和鳅窝的面积占田块的6%左右。利用挖出的土方加高田埂，田埂宽30厘米，要高出田面60厘米，以保证田面水深20~30厘米，鳅沟7~8厘米，田埂内坡覆盖塑料薄膜，以防田埂龟裂、渗漏和滑坡。

（2）防逃防天敌设施。防天敌主要对象为白鹭等鸟类偷食，在整个田块2米以上高空拉防鸟网。

（3）进排水口设置。要有独立的进排水系统，进排水口最好呈对角设置，进水管深入田间悬空注水，进水管口用尼龙网围住，防止野杂鱼、蝌蚪及其他有害生物随水进入茭白田。排水采用窖井式排水口，建有排水闸门，闸门高度以保持需要的最高水位为标准，水位高过养殖需要就能溢出，在闸门下方出水处做一道栅栏，在栅栏前覆上不锈钢细网。

（4）鳅苗放养。放养前10天左右，每亩茭白田用生石灰15~20千克兑水搅拌后均匀泼洒，杀灭田中的致病菌和敌害生物。在茭白定植后7~10天（施用的化肥全部沉淀后），可先放养20~30尾进行"试水"，在确定水质安全后再放苗。放养前用3%~5%的食盐水浸洗鳅体10分钟，每亩放养体长7~10厘米的鳅苗约50千克。

（5）茭田管理。泥鳅属杂食性鱼类，以有机碎屑、浮游生物和底栖动物为饵料。茭田套养泥鳅时，以单季茭白为宜，施足基肥，以腐熟有机肥为主，每亩用量1500~2000千克。泥鳅放养前，田间水的透明度控制在15~20厘米，水色以黄绿色为好。定期施用发酵后的有机肥料或者复合肥。放养前期浅水灌溉，水位保持在10~15厘米，随着茭白长高、鳅苗长大，逐步加高水位至20厘米左右。农药应选择对口的低毒高效品种，禁止使用对泥鳅敏感的农药。施药前，田块水位要加高 10 厘米；施药时，喷雾器的喷嘴应横向朝上，尽量把药剂喷在茭叶上。

（6）饲料投喂。泥鳅喜食畜禽内脏、猪血、鱼粉、米糠、麸皮、啤酒渣、豆腐渣以及人工配合饲料等。将饲料加水捏成团进行饲喂，投喂地点选在鳅沟和鳅窝内，做到定时、定位、定质、定量的"四定"原则。日投喂量占泥鳅总重的 2%～4%，早春和初秋一般为 2%，7—8 月以 4% 为宜。每次投喂的饲料量，以 2 小时内吃完为宜。水位超过 30℃，低于 10℃时不投喂饵料。

（7）日常管理。每天检查田埂漏洞、蛙卵、水蜈蚣、水蛇、水鼠等，并及时处置。

（8）捕捞。在 10 月下旬前后用捕笼具捕捞后直接上市。

4."茭白－中华鳖"套养模式

茭白田套养中华鳖既可有效控制福寿螺为害，显著减少农药用量，又能提高茭白和中华鳖品质。主要套养技术要点如下。

（1）鳖田改造。在放养前茭白田应进行改造，根据面积大小在田块周围开"口"字形或"田"字形沟，沟宽 80～100 厘米、深 50 厘米，沟面积约占茭田面积的 10%。挖出的田泥可加宽加固田埂或路基。田块中央每隔 8～10 米堆 1 个土墩，或者以多块田为 1 个单元，连在一起，中间田埂作为鳖活动场所。土墩与加宽的田埂应有一定坡度。采用 100 厘米高的彩钢瓦、石棉瓦设置防逃设施，埋入土中 20～30 厘米，外侧每间隔 3 米，用木桩加固，上部用竹片夹紧，并用铁丝与外侧木桩绑紧加固。也可采用砖墙、水泥墙围成防逃墙，顶部压沿内伸 15 厘米，围墙和压沿内壁光滑；茭白田的进、出水口用铁丝网或塑料网建两道防逃栅。

（2）鳖苗选择。外观要求体表光洁，无损伤，裙边宽阔有弹性，健康无病灶，活力强。每亩放养规格为 250～500 克重的鳖 70～100 只，并尽量选择放养雄性的鳖种。

（3）放养前消毒。茭白田在放养前 7～14 天每亩用 75～100 千克生石灰消毒，鳖用0.01%高锰酸钾溶液浸洗消毒3~5分钟，或用3%食盐水浸泡消毒10分钟。

（4）放养要求。在4月下旬至5月上旬，选择天气晴好的中午放养鳖苗。放养时将经消毒的鳖苗运至茭白田边，倒入茭白田即可。

（5）投喂饲料。茭鳖共生一般不投喂中华鳖配合饲料，在6—9月鳖的生长季节，可适当投喂小鱼虾、螺蛳、福寿螺等新鲜活饵。一般在每天9时或16—17时投喂为宜。投喂时，做到定时、定位、定质、定量。

（6）茭田管理。根据当地的气候条件和市场需求，宜选择优质、抗病虫性好、丰产性好的双季茭品种，如龙茭2号、浙茭2号、浙茭3号、余茭4号等。采用宽窄行种植方式。2月上旬将种墩分成1~2个薹管的小墩移植到育苗田，行株距50厘米×50厘米；3月下旬至4月中旬，苗高30~40厘米时移植到秧田，行株距100厘米×30厘米，单株定植；7月上中旬挖墩分苗割叶，用于大田定植。每亩1000~1200穴，每穴种植1株，宽行行距100~120厘米，窄行行距60~80厘米，株距40~60厘米。水质、水温对鳖的生长影响大，注意控制水位、调节水温。当茭白田水质变差时，及时更换新鲜水。基肥用商品有机肥或发酵过的有机肥料，追肥用复合肥、配方肥等肥料。套养在茭白田的鳖主要病害为疖疮病和白底板病，一般发病较少，如有发病，选用合适的渔药防治。茭白病虫防治以茭鳖共生互利、诱虫植物、昆虫性诱剂、杀虫灯等生态防控措施为主。还要防止蛇、鼠、鸟等为害。

（7）捕捞。茭白采收结束后，及时捕获大的中华鳖出售，小鳖可留在田里越冬。

5."茭白－小龙虾"套养模式

（1）茭田准备。在田块四周开挖1~2米宽的沟，对田块大的水田，要开挖"井"字形沟，沟宽100~200厘米，沟深80~120厘米。四周筑埂，使茭白田能保持水深30厘米。田埂必须加高、加厚，以防小龙虾汛期溢水逃跑。茭白田的进、出水口呈对角设置，并安装双层防逃网。

（2）防逃设施。用厚塑料薄膜或钙塑板沿四周围成防逃墙，防逃墙埋入地面 10~20 厘米，高出地面 40~50 厘米，四角转弯处呈弧形。

（3）投放时间及数量。在茭白移栽前 10 天，对水沟消毒处理。每亩投放虾苗 1.5 万~3 万尾或 50~70 千克，投放前用 3% 食盐水浸浴虾苗 10 分钟。

（4）投放方法。先把虾苗轻轻放在近水的陆地上，然后往小龙虾身上洒水，让其充分吸水（小龙虾自己会往水里爬，死虾会留在岸上），再把死虾拾走即可。

（5）饵料投喂。20~32℃ 水温是小龙虾快速生长的温度，此时可多喂食。小龙虾食性杂，荤、精、青饲料都吃。常用荤饲料有螺、蚬、野杂鱼虾、动物血液、畜禽下脚料等，青饲料有草类、瓜皮、蔬菜下脚料等，精饲料有麦类、玉米、谷物等。

小龙虾多在夜里活动觅食，并具有争食、贪食习性。采取"定质、定盘、定时"投喂方法，喂足喂匀，避免相互争食。日投喂量可按虾体重的 6%~10% 安排。大批虾蜕壳时少喂，蜕壳后多喂。

（6）虾病防治。在养殖期间每隔约 30 天每亩用石灰粉 2.5~5.0 千克兑水全田泼洒 1 次。注意少用农药，必须用药要将药液喷洒在植株的中上部，减少药液落入水中。

（7）茭白管理。冬季 10 月下旬至 11 月上旬，苗高 15~20 厘米时种植，寄秧后 15~20 天后，也可 3 月中旬至 4 月上旬，苗高 15~20 厘米时分墩定植，每穴 2~3 苗，定植深度以根系全部入土苗不倒为宜，每亩 1200~1500 穴，宽行行距 100~120 厘米，窄行行距 70~80 厘米，穴距 50~60 厘米。茭苗种植采用宽窄行种植方式。

（8）捕捞。一般先用地笼网、手抄网等工具捕捉，最后再放水捕捉。也可捕大留小，常年捕捞。

6."茭白－河蟹"套养模式

（1）选择优质抗病单季品种，如金茭1号、丽茭1号等，一般于3—4月移栽，每亩约1200墩。河蟹选用长江系列中华绒螯蟹的当年仔蟹。

（2）田块改造。茭白田四周筑1条高1米、宽1.5米的田埂，筑好后田内四周形成1条围沟。

（3）投放时间。3月下旬至4月上旬，选择晴好天气投放蟹苗，水深保持在30厘米左右，每亩投放1500~2000只仔蟹，成活率为40%~60%。

（4）饵料投喂。饵料投喂或补充投料要定点、定时、定量、定质。5—6月，以清明前后投放活螺蛳繁殖的幼螺为主；7—9月，除投喂南瓜、小麦、黄豆等植物性饵料外，还要有计划地投喂一些小鱼、小虾、猪血、蚕蛹、螺蚬、蚌肉等动物性饵料。

（5）茭田管理。茭白田应保持水深20~30厘米，沟中水深1米，要求水质清新、溶氧丰富。高温季节要坚持勤换水，一般每2~3天换1次，每次换水20厘米左右；坚持每天巡田，注意防逃、防漏、防中毒和防止蛇、鼠等的为害。

（6）捕捞。一般在9月中下旬捕蟹，捕捉的方法有放水捉蟹、夜晚徒手捕捉以及诱捕等。

（二）轮作套种

1."单季茭白－茄子"水旱轮作

近年来，金华、丽水一带山区示范推广了"单季茭白－茄子"的水旱轮作模式。该轮作模式茬口安排为种植2年茭白后再种植1年茄子，即"茭白—茭白—茄子"轮作模式。

（1）茬口安排。10月上旬至11月中旬，单季茭白薹管育苗，3月下旬至4月上旬定植，7月下旬至9月中旬采收。茄子3月播种育苗，5月移植到大田，6月下旬至10月中旬采收。

（2）茭白栽培。选择适于山区种植的单季茭白品种，如金茭1号、丽茭1号、美人茭等。10月中旬茄子采收结束后，及时清洁田园，深耕晒垡，土块敲细耙平，筑好田埂，确保田间能保持15~25厘米水层。宽窄行定植，宽行距90厘米，窄行距40厘米，株距35厘米，每亩种植约3000穴。

茭白植株高大，需肥量多，要求重施基肥。每亩施用腐熟有机肥1500千克、氯化钾7.5千克、碳酸氢铵25千克，作为基肥。4月上中旬施分蘖肥，每亩施尿素15千克、过磷酸钙50千克。5月下旬施孕茭肥，每亩施复合肥或尿素15千克。茭白水层管理按照"浅—深—浅"原则，早春分蘖前期保持田水3厘米，随着植株生长，水层逐渐加深，进入孕茭期，水层加到15~20厘米，但不要超过茭白眼，孕茭后水位降至5~10厘米，采收后田间保持湿润状态。同时，做好去劣去杂和疏苗间苗工作，每墩保留7~9株健壮苗。做好茭白锈病、胡麻叶斑病、二化螟、长绿飞虱等防治工作。

（3）茄子栽培。选择品质优、适合长季节栽培的浙茄1号、引茄1号、杭茄2010等品种。利用大棚在3月上中旬播种，在55℃温水中浸泡12~15分钟，再用1%硫酸铜溶液浸泡5分钟，用清水洗净药液再浸种12小时，捞起洗净晾干播种。采用苗床育苗或穴盘育苗。采收后及时翻地晒白，定植前15天作畦，畦面宽1.2米，沟宽0.4米，畦中间开沟深施基肥，每亩施用腐熟有机肥2500千克，复合肥50千克。4月下旬至5月下旬晴天移栽，每畦种2行，株距约60厘米，每亩种1400株（嫁接苗种1000株），移苗后立即浇定根水。

门茄开花后，摘除门茄以下全部侧枝。加强肥水管理，每采收2~3批后需要追肥1次，每亩施复合肥15~20千克，尿素5千克，遇到干旱时及时灌水。同时，做好茄子灰霉病、黄萎病、枯萎病和斜纹夜蛾、蚜虫等病虫害防治工作。花后15天，当茄子长至粗2.2厘米、长30厘米、萼片与果实相连部位白色环状带（俗称茄眼）开始不明显时，及时采收。

2."茭白—生姜"水旱轮作

高山茭白和生姜种植效益均较高，将生姜引入茭白产地种植，实施水旱轮作，有利于减轻茭白的锈病、胡麻叶斑病，同时生姜的姜瘟、蛴螬等病虫为害也明显减轻。

（1）茬口安排。单季茭白9月下旬至11月中旬薹管育苗，3月下旬至4月上旬定植于大田（或者9月下旬至10月中旬割取薹管直插定植于大田），7月下旬至9月中旬采收。生姜3月上旬至4月上旬催芽，4月上旬至5月上旬大田播种，10月下旬至11月上旬采收。

（2）茭白栽培。选择优良单季茭白品种，如金茭1号等。11月中旬生姜采挖结束清田翻耕后，充分晾晒，把土块敲细耙平，筑好田埂，确保田间能灌水15~25厘米。秋冬季栽培，9月下旬至10月中旬茭墩基部割取选取30厘米带根薹管，直插定植于大田，栽种深度为老根入土约10厘米，扦插后田间保持1层薄水或湿润状态，以促进成活，11月中旬前完成，每墩插1根薹管。或者9月下旬至11月中旬进行薹管育苗，春季3月下旬至4月上旬薹管按节剪下，按每墩插1节定植于大田（每根薹管根据发根、分蘖情况可剪3~6节）。

采用宽窄行栽培，宽行距90厘米，窄行距40厘米，株距35厘米，每亩种植约3000墩。

茭白株型高大，吸肥力强，要求基肥足，每亩施用腐熟有机肥1500千克、氯化钾7.5千克、碳酸氢铵25千克。4月上中旬，每亩施尿素15千克、过磷酸钙50千克，促进分蘖。50%植株孕茭时施1次孕茭肥，每亩施复合肥10~15千克。茭白水层管理按"浅—深—浅"的原则，早春分蘖前期保持田间3厘米浅水层；随着植株生长，水位逐渐加深，进入孕茭期，水层加深到15~20厘米，但不要超过"茭白眼"，如遇高温及时利用高山冷水连续灌溉；孕茭后期将水位降至5~10厘米，采收结束，保持浅水或湿润状态过冬。苗高15~20厘米时，及时间苗，去除瘦弱苗、多余苗，每墩留取7~9株健壮苗。密集丛生苗要按照"去密留稀，去弱留壮，去内留外"的原则删除。在做好农业防治和物理生物方法防治病虫害的基础上，有针对性地进行化学防治。主要做好茭白锈病、胡麻叶斑病、二化螟、大螟、长绿飞虱等的防治工作。采收时，要求壳茭肉质茎露白小于0.5厘米，每1~2天采收1次。

（3）生姜栽培。选择抗逆性强、纤维少、辛辣味中等、香味浓的磐安地方红爪姜品种，也可根据消费市场需要选择"安丘大姜"等大姜品种。冬前结合深耕每亩施入优质鸡粪有机肥3000千克＋复合肥50千克。一般深耕30厘米以上，以便冬季熟化土壤，形成良好的土体结构。

露地种植的生姜，应于3月上旬至4月上旬催芽，小拱棚、大棚等设施种植可适当提前。催芽前，从储姜山洞取出姜种，选择大而饱满、无病虫害的姜块做种，严格剔除烂姜、病姜块，晒1~2天，然后把生姜掰成50~75克的种姜块。生姜催芽方法主要有两种，第一种是采用熏姜灶催芽法，即在生产用房内或农家住房门口稳风的走廊，用砖砌熏姜灶，灶高40厘米，灶顶用竹竿或竹排铺平，然后用泥封好，灶中墙下面开烧火门，高30厘米、宽20厘米，灶上用木板做成高1.8米，长、宽各1.0~1.2米的熏仓。熏仓内侧垫以稻草或贴3~5层草纸，然后排放姜种，种姜顶上再盖厚20厘米的稻草，最后在灶下点燃木柴、锯末或炭火等燃料小火力（不见明火）加热，用产生的热烟熏烘姜种，使之达到适于发芽的温度。第二种是三段变温催芽法，即前期高温催芽，温度以28~30℃为宜，促芽萌发；中期平温长芽，当芽长接近0.5厘米时将温度控制在25~28℃，实现平温长芽，以利形成粗、短的壮芽；后期低温炼芽，当芽长1厘米时要逐渐降低温度，进行炼芽，温度降为16~18℃后，经25~35天，幼芽可长至1.0~1.5厘米，及时播种。

生姜不耐寒、不耐霜冻，需在终霜后地温稳定在16℃以上时播种，播种适期根据海拔高度，海拔300米以下，以4月上中旬播种为宜，海拔500米左右，以4月下旬至5月中旬为宜。小拱棚、大棚等设施种植可适当提前播种。每亩用种 150~200 千克，行距 75 厘米，株距 22~25 厘米，每亩种植 3500~4000 株。开沟播种，沟深 25~30 厘米，宽 20 厘米，将姜种平放在沟内，使幼芽方向保持一致。播种后覆土 3 厘米，刮沟边土以覆盖种姜块为度，保持潮湿，过于干旱要浇水。前期可用地膜、小拱棚等保温，当小拱棚影响姜苗生长时可撤去。6—8 月高温期间，可于行间覆草或给茭白叶降温，也可覆盖透光率 50% 遮阳网，8 月上旬平均气温降到 30℃ 以下时撤除。在浇足底水的基础上，苗期要始终保持土壤湿润，避免忽干忽湿造成植株生长不良。以安装滴管进行灌溉为好。

生姜的根茎需生长在黑暗、湿润的环境中，见光即停止生长。培土是决定大姜产量和品质的重要措施，培土 2~3 次，每次培土宜少、宜浅，以促进大姜发育粗壮。第一次培土一般在大姜出现 2~3 个分支（6 月中旬）进行。可将大姜种植行两侧的垄土，平入沟内。此次培土不宜过厚，否则容易造成大姜根茎生长困难，影响产量。第二次培土应在第一次培土后约 20 天（4~6 个分枝）进行，将大姜种植行两侧的垄土平入沟内，培土厚度为 2~3 厘米，不宜过厚；第三次培土在第二次培土后 15~20 天（大暑前后）进行，厚度以 7~8 厘米为宜。需将原来垄上的土全部培到种植沟上，使原来的沟变为垄。第三次培土非常关键，决定姜块发育的好坏。如果培土浅，则姜根茎短、粗；如果培土厚，则姜块生长细长。此后，若发现有大姜芽露出地面，应及时培土，以保证姜块正常生长。

除冬前深耕施基肥外，在开姜沟时每亩施用有机肥 150 千克、复合肥 10 千克、硼砂 1 千克、硫酸锌 2.5 千克。在生姜幼苗出齐后每亩冲施生根型水溶性肥 10~20 千克，促进发根。以后结合管理分次追施复合肥，叶面肥可全生育期喷施，前期以氨基酸、海藻素、腐植酸等营养型叶面肥为主，后期以大量元素、微量元素叶面肥为主。新茬地块生姜病害发生很少，主要有姜瘟、茎基腐病斑点病、炭疽病、斑点病等，虫害主要有姜螟和斜纹夜蛾等，在农业和物理防治的基础上，应选用对口农药防治。

生姜不耐低温，气温降至8~10℃时（10月下旬至11月上旬）及时收获，收获的姜块保留约2厘米的地上茎。储藏温度在10~15℃，最适宜温度为13℃，低于10℃生姜会受冻。湿度传统上以山洞储藏为主，收获入洞码放整齐后先散热，洞口不封，待气温降到13℃时封洞，用砖块和黄泥封二层，并安装通气孔，低温寒冷天气密闭通气孔。空气相对湿度保持90%左右。也可放入恒温保鲜库，根据需要出售。

3. "单季茭白－大球盖菇"轮作

（1）茬口安排。茭白在3月下旬至4月上旬移栽，7月中旬至9月下旬采收；大球盖菇在9月下旬至10月中旬种植，12月上旬至翌年3月下旬采收。

（2）茭白栽培。10月中旬清田翻耕后充分晾晒，土块敲细耙平，筑好田埂，确保田间能灌水15~25厘米。利用单季茭白"薹管寄秧育苗技术"培育的茭白苗种植。采用宽窄行栽培，宽行距90厘米，窄行距40厘米，株距35厘米，每亩种植约3000穴。基肥每亩施用腐熟的有机肥1500千克，氯化钾7.5千克，碳酸氢铵25千克。4月上中旬施分蘖肥，每亩施尿素15千克，过磷酸钙50千克。5月下旬施孕茭肥，每亩施三元复合肥或尿素15千克。水层管理按照"浅—深—浅"的原则，早春分蘖前期保持田水3厘米，随着植株生长，水位逐渐加深，进入孕茭期，水位加到15~20厘米，但不要超过"茭白眼"，孕茭后水位降至5~10厘米，采收后田间保持湿润状态。其间，要做好去劣去杂和疏苗间苗工作，每墩保留7~9株健壮苗。病虫害防治主要做好茭白锈病、胡麻叶斑病、二化螟、长绿飞虱的防治工作。

（3）大球盖菇栽培。主料为茭白鞘叶，填充料为谷壳。要求培养料新鲜、干燥、不发霉。播种前将茭白鞘叶浸水2天，待其充分吸水软化后捞起，让其自然控水12~24小时，含水量达到70%~75%时即可使用。土壤干燥的先喷水再铺料，采用一次性铺料，先铺1层厚

15~20厘米茭白鞘叶，再均匀铺1层厚5厘米谷壳，压实。注意要在1天内完成铺料。采用穴播法，梅花形，间距8厘米，每平方米用种量2.0~2.5瓶，播种后再盖1层厚10~15厘米茭白鞘叶，稍压实。播种后，在料面上加盖单层湿旧麻袋片。

发菌期主要调节好温度和湿度，使其保持在菌丝生长较适宜的范围内。保持料温22~28℃，含水量70%~75%，空气湿度85%~90%。播种后20天内，通过喷水在覆盖物上进行补水，如遇雨天，则及时盖薄膜，雨后及时掀膜，排除菇床四周积水，防止雨水渗入料内。播种20天后，如遇草料干燥发白，可适当喷一些水。当料温较高但不超过30℃时，应掀开覆盖物，并在料堆中间每隔6米打1个洞，共打2~3个洞。

当播种后约30天，菌丝走满培养料2/3时覆土，覆土厚度3~5厘米，土上再铺1层茭白鞘叶。覆土后15~20天就可出菇，此阶段主要是调控水分、温度和通气量，尤其是水分控制。病虫害主要防治蚂蚁、螨类、菇蚊、蛞蝓、跳虫以及鬼伞等为害，可在铺料前撒石灰粉。

采菇适期为菇体菌膜尚未破裂或刚破裂，菌盖呈钟形。

4. "春毛豆 – 双季茭白 – 荸荠"轮作

（1）茬口安排。春毛豆在第一年早春的2月下旬至3月上旬播种，5月下旬至6月上旬采收。春毛豆采收后种植双季茭白秋茭，4月至7月上旬茭白寄秧，7月中下旬移栽定植，10—11月采收，翌年5—6月采收夏茭。夏茭采收后种植荸荠，荸荠6月育苗，7月中旬定植，12月至翌年2月采收。两年一轮换。

（2）春毛豆栽培。选择高产、皮薄、毛白、夹宽、生育期90天左右的早熟春毛豆品种，如引豆9701、科源8号、浙农6号等。利用地膜覆盖栽培可提早至2月底至3月初播种，一般行株距为30~35厘米×20厘米，每亩用种量为7.5~10.0千克，每穴播种3~4粒，每亩保证基本苗2.5万~3.0万株。重施基肥，早施追肥，在开花结荚期可连续追施2次叶面肥。做好锈病、蚜虫等病虫害的防治工作。待豆荚八成饱满时即可采摘。

（3）双季茭白栽培。选择高产优质、抗性较好的双季茭白品种，如龙茭2号、浙茭3号、浙茭6号等。春毛豆采收后灌水翻耕，结合整地每亩施用有机肥2500千克、磷肥50千克、硫酸钾10千克。7月上中旬宽窄行定植，株行距50厘米×100厘米，每亩种植约1200墩。重施分蘖肥，巧施孕茭肥。分蘖期每亩施三元复合肥40~50千克，孕茭期每亩施尿素15千克，氯化钾5千克。加强长绿飞虱、二化螟、锈病、胡麻叶斑病和纹枯病等病虫害防治工作。当植株孕茭部位显著膨大，茭肉露出0.5~1厘米时即可采收。秋茭采收时间为10—11月，夏茭采收时间为5—6月。

（4）荸荠栽培。选择个体大、色泽好、芽充实、无损伤的荸荠做种，6月上中旬开始育苗，株行距6厘米×6厘米，种植深度1厘米，当苗高25~30厘米并有5~6根叶状茎时即可移栽定植。7月上中旬定植，栽植深度，母株8~10厘米，分株12~15厘米，保持株距25~30厘米，行距40~45厘米。每穴1株，每亩栽种5500~6000株。施足基肥，少施追肥。基肥每亩施腐熟农家肥100~150千克，追肥一般施2次，第1次在移栽后7天，每亩施尿素5千克，第2次在9月中下旬荸荠生长旺盛期，每亩施尿素5~6千克，追施。保持田间水层10~20厘米。做好荸荠秆枯病、白禾螟等病虫害防治工作。荸荠球茎成熟后，地上部枯死，从霜降（10月下旬）至翌年2月均可采收。

5. 早稻－双季茭白－晚稻轮作

茭白连续种植多年后易产生连作障碍，造成产量和品质下降。茭白与水稻轮作可显著缓解连作障碍，同时也有利于水稻生产。

（1）茬口安排。早稻选择早熟品种，3月下旬育苗，4月下旬至5月上旬大田定植，7月中旬前收割；茭白选择早中熟品种，3—4月开始育苗，采用两段育秧方式，7月中旬移栽，10月下旬至11月采收秋茭，翌年5—6月采收夏茭；6月中下旬直播晚稻，11月收割。

（2）早稻栽培。选择早熟的早稻品种，如浙106、杭959等。采用塑料软盘旱育秧，3月中下旬开始浸种（种子需要进行消毒处理）、催芽，搭架盖膜保温，在稻苗一叶一心时短期揭膜，并浇施1%尿素溶液；同时进行防病处理，4月上中旬天气基本晴稳，揭膜炼苗，并浇施1%尿素液促进长苗分蘖。移栽前一天轻施1.5%复合肥液。4月上中旬，秧龄25天左右，叶龄3.5叶时移栽，种植密度为16.3厘米×23.1厘米，每亩约1.7万丛。合理施肥，施足基肥，巧施追肥；科学灌水，前期浅水促蘖，分蘖后期开沟搁田，多次轻晒田，有水壮苞抽穗，干湿壮籽。同时，人工除草，并做好早稻病虫害防治工作。做好白背飞虱、二化螟、稻纵卷叶螟、纹枯病等病虫害的防治工作。7月上中旬水稻成熟后及时收割。

（3）双季茭白栽培。选择夏茭早中熟的双季茭白品种，如浙茭7号、浙茭8号、浙茭911等。采用两段育苗技术，6月下旬至7月上旬分株栽植，每穴种植1株。当年秋茭与翌年夏茭的田间管理按照双季茭白管理方法进行。4月至7月上旬育苗，7月上中旬挖墩分苗割叶大田定植，单株定植，宽行100~120厘米，窄行60~80厘米，株距4~60厘米，每亩1000~1200穴。秋茭水位保持"深—浅—深—浅"的原则进行，夏茭水位则按照"浅—浅—深—浅"的原则进行。秋茭不施基肥，追肥分3次，缓苗后，每亩施缓释氮肥7~10千克；分蘖初期亩施缓释氮肥10~15千克、配方肥15~20千克；孕茭初期，每亩施配方肥40~50千克。夏茭则追肥3次，萌芽后每亩施缓释氮肥5~10千克；定苗后配方肥30~35千克；孕茭初期则每亩施配方肥30~40千克。

（4）晚稻栽培。选择秀水134、嘉33、浙粳88、加华1号、甬优系列等单季晚稻品种。夏茭采收结束后及早整地，由于茭白收获后留下的茎叶较多，故要及早耕耙，浅水会发酵腐烂，若5~7天后再翻耕整平，此时茭白茎叶基本腐烂，7月中旬晚稻移栽，这时候大田水温较高，茭白茎叶翻耕入土数量多，因此插秧时间尽量安排在15时以后，浅水插秧，深水护苗，预防高温倒苗。秧苗成活后要间歇搁田，防止有毒物质为害秧苗。

一般在 5 月上中旬播种，采用旱育秧或半旱育秧。移栽秧龄旱育秧控制在 18 天以内，半旱育秧控制在 25 天以内。密度为 23 厘米 × 26 厘米，每亩种植 1 万丛左右。也可在 6 月中旬左右直接把催好芽的种子播种在田里。水分管理做到"深水插秧，浅水分蘖，水层孕穗"，灌浆后期按照"干—干—湿—湿"的原则进行，以湿为主，确保根系活力，提高千粒重。合理施肥，由于大量茭白茎叶还田和茭白田中剩余肥料足够一季单季稻吸收养分，所以在水稻生长期间可以少施肥。看稻苗生长情况，追施分蘖肥和穗肥。加强褐飞虱、二化螟、稻纵卷叶螟、纹枯病、稻曲病、稻瘟病等病虫害的防治工作。10 月下旬开始陆续收割晚稻。

6. "大棚西瓜 - 双季茭白"轮作

（1）茬口安排。西瓜 2 月上中旬育苗，3 月上中旬定植，6—7 月上旬采收；双季茭白 4 月上旬二段育苗，7 月上中旬移栽，10 月中下旬至 11 月下旬采收秋茭，翌年 5—6 月采收夏茭；该模式为两年一轮作。

（2）大棚西瓜栽培。以中果型西瓜，如早佳 84-24、京欣 1 号、京欣 2 号为主，搭配一些小果型西瓜品种，如早春红玉、小兰、特小凤等。采用基质穴盘育苗或营养钵育苗，幼苗具 3 片真叶时，经炼苗后即可移栽。

3 月初定植。在每条种植畦上栽 2 行西瓜苗，行距 0.5 米，株距 0.4~0.5 米，每亩栽种 1400 株。定植后覆盖地膜。定植后，白天温度控制在 30~32℃，夜间温度不低于 16℃；缓苗后白天温度控制在 20~25℃，夜间温度不低于 15℃；开花结果期，白天温度控制在 25~28℃，夜间温度不低于 17℃。坐瓜后要加大通风量。当瓜蔓长 30~40 厘米时，撤去小拱棚，搭架吊蔓，在主蔓第四或第五节处留 1 条侧蔓，其余侧蔓摘除。团棵期灌水追肥，每亩追施尿素 10 千克、磷酸二铵 10 千克；膨瓜时再灌 1 次水，并每亩追施硫酸钾 15 千克、复合肥 20 千克，结瓜后期用 0.2%~0.5% 尿素溶液或其他西瓜叶肥，叶面喷肥。加强西瓜猝倒病、炭疽病、疫病、蚜虫等病虫害防治。4月下旬开始，九成熟时即可采摘，采收期延续到 6 月下旬。

（3）茭白栽培。4—7 月上旬育苗，6 月底至 7 月初翻耕，7 月上中旬单株种植，行距 100 厘米，株距 40~60 厘米。每亩定植 1100~1600 穴，每穴种植 1 株。秋茭水位控制按照"深—浅—深—浅"的原则进行，定植时保持较深水位，分蘖前中期保持浅水位，分蘖后期至孕茭期加深水位，采收期控制浅水位。夏茭水位控制按照"浅—浅—深—深"的原则进行，出苗期保持田水湿润，分蘖前中期，控制浅水位，分蘖后期至孕茭期间加深水位。秋茭一般不施基肥，追肥分 3 次，缓苗后，每亩施缓释氮肥 7~10 千克；分蘖初期，每亩施缓释氮肥 10~15 千克、配方肥 15~20 千克；孕茭初期，每亩施配方肥 40~50 千克。夏茭追肥 3 次，萌芽后，每亩施缓释氮肥 5~10 千克；定苗后，每亩施配方肥 30~35 千克；孕茭初期，每亩施配方肥 30~40 千克。孕茭部位明显膨大，叶鞘一侧被肉质茎挤开，露出 0.5~1.0 厘米宽肉质茎时及时采收。秋茭宜 2~3 天采收 1 次，夏茭宜 1~2 天采收 1 次。

7. "双季茭白-豇豆"轮作

该模式（见图 3.27）适合设施栽培的茭白产区。

（1）茬口安排。双季茭白秋茭 4—7 月两段育苗，7 月中下旬定植，10—11 月采收；夏茭 12 月下旬至翌年 3 月盖膜，4 月上旬至 5 月中旬采收。豇豆 4 月下旬育苗，5 月中旬定植，7 月上旬至 7 月下旬采收。

（2）双季茭白栽培。选择在低温条件下孕茭好的低温型早熟双季茭白品种，如浙茭 7 号、浙茭 8 号等。7 月中下旬单株移栽，行距 90~100 厘米，株距 40~50 厘米，单株定植。定植后 10~15 天成活返青，轻搁田 5~7 天后灌水，及时施用促蘖肥。间隔 10~15 天，再次施用促蘖肥，并预防病虫害 1 次。每墩有效分蘖达到 12~15 株，控制无效分蘖。60%~80% 分蘖孕茭时，重施膨大肥，每亩施用硫酸钾

图3.27 "双季茭白－豇豆"轮作

复合肥30千克；采收前4~5天，每亩施用复合肥25~30千克，采收7~10天后再次施用复合肥25~30千克。12月中旬至1月中旬，齐泥割叶。施足基肥，每亩施腐熟有机肥1000~1500千克或腐熟油菜籽饼肥100~150千克、复合肥30千克、氯化钾15千克，间隔3天后覆膜。覆盖后棚内温度达到20~25℃，应及时掀膜通风降温降湿；苗高40~50厘米定苗，每墩保留粗壮茭苗18~20株，每亩施用复合肥

30千克。当外界温度稳定在20℃以上时，揭除大棚膜，促进孕茭。采收期田间保持10~15厘米深水层，水面长满绿萍，田间水源清洁或流动灌溉；采收1~2次后，每亩施用硫酸钾复合肥30~40千克；间隔10天左右再施用1次。

（3）豇豆栽培。选择适合夏季栽培和耐涝的品种，如春宝、之豇108等。夏茭采收后，排干田水，深耕土地，熟化土壤。每亩施腐熟有机栏肥2000~2500千克，复合肥15~20千克，硼砂1.5~2.0千克作基肥。采用育苗移栽，4月下旬育苗，5月中旬定植，由于长豇豆长势强，种植不宜过密，一般畦宽1.5米种植2行，穴距0.25~0.30米。

豇豆长到5~6叶时搭架，架型采用直插式，即每柱插入高2.0~2.5米的毛竹竿，插好后在晴天午后及时人工辅助引蔓上架，植株满架前，需要人工绕蔓3~4次，第一花絮以下侧枝全部摘除，并及时清除老叶、病叶，减少病虫害发生。一般在第一花序坐稳果后施1次肥，以后每隔7天施1次，每亩施10~15千克氮钾复合肥。其间每采收2~3次，叶面喷施1次1%~2%磷酸二氢钾溶液，提高结荚率。重点做好根腐病、豆荚螟等病虫害防治。一般花后10~12天，荚果饱满、组织脆实且不发白变软、籽粒未显露时，为采收嫩荚适期。

8. 大棚茭白套种丝瓜

目前，大棚茭白套种瓜类成功的是丝瓜和苦瓜。

（1）茬口安排。茭白7月中下旬种植，10—12月收获秋茭，12月大棚茭白覆膜，翌年4—5月收获夏茭。丝瓜3月上中旬育苗，4月在棚间培制土墩套种丝瓜，5月引蔓上架，6—8月采收。该模式既能为茭农增加一季丝瓜收入，又能为高温期的茭白遮阴降温，有利于茭白生长。

（2）大棚茭白栽培。选择夏季早中熟的优质高产双季茭白品种。秋季6月底至7月上旬定植，行距90~100厘米，株距40~50厘米，单株定植。定植后10~15天成活返青，轻搁田5~7天后灌水，及时施用促蘖肥，每亩施尿素5千克、复合肥10千克。间隔10~15天，每亩施复合肥 20~30 千克，促进分蘖，并预防病虫害 1 次。每墩有效分蘖达到 12~15 株，控制无效分蘖。60%~80%分蘖孕茭时，重施膨大肥，每亩施用硫酸钾复合肥 30 千克；采收前 4~5 天，每亩施用复合肥 25~30 千克；采收 7~10 天后，再次施用复合肥 25~30 千克。12 月中旬至 1 月中旬，齐泥割除地上茎叶。每亩施腐熟有机肥 1000~1500 千克或腐熟油菜籽饼肥 100~150 千克、复合肥 30 千克、氯化钾 15 千克，间隔 3 天后覆膜。覆盖后棚内温度达到 20~25℃，应及时掀膜通风降温降湿；苗高 40~50 厘米定苗，每墩保留分布较均匀的粗壮茭苗 18~20 株，每亩施用复合肥 30 千克。当外界温度稳定在 20℃以上时，揭除大棚膜。孕茭期控制速效氮肥施用量，防止因植株生长过于旺盛导致延迟孕茭。采收期田间保持 10~15 厘米水层，水面长满绿萍，田间水源清洁或流动灌溉；上午 10 时以前采收茭白，采收 1~2 次后，每亩施用硫酸钾复合肥 30~40 千克；间隔 10 天左右再施用 1 次。

（3）丝瓜栽培。选用较耐水淹的普通丝瓜品种，如嵊州白丝瓜、春丝 1 号等。在大棚行间每隔 1.5 米培制 1 个土墩，用竹篓围住，土墩直径要求 40 厘米以上，土墩高度要求 50 厘米以上，泥土内事先混施农家肥。

3 月中旬穴盘或营养钵播种育苗，4 月下旬秧苗四叶一心时，选择晴天定植。每个土墩定植 4 株，每亩栽 240 株左右。在大棚内离水面 1.5 米高度拉设尼龙丝网，待丝瓜蔓藤长到 50 厘米后用尼龙绳或竹竿引蔓到尼龙丝网，丝瓜结果后从网洞垂挂下来，瓜蔓整理、采收都在伸手可及的高度，便于操作。丝瓜主侧蔓均能开花、结果，一般以主蔓结果为主。丝瓜开花后，将主蔓基部 0.5 米以下的侧蔓全部摘除，保留较强壮的侧蔓，每个侧蔓在结 2~3 个瓜后摘顶。

茭白田常年有水，培植丝瓜的土墩置于茭白田中，水分相对充足，不需要浇水。出现雌花后进行第 1 次追肥，每亩施复合肥 3 千克，在土墩中进行兑水浇施或撒施，坐果后再追施 1 次，每亩施复合肥 3

千克。6月下旬左右，丝瓜根系已伸展至篓底部，此时可在篓底部外围撒施肥料，以利吸收。丝瓜进入采收盛期，每采收2次追肥1次，每次每亩施复合肥3~5千克。主要病虫害有霜霉病、白粉病及蚜虫、瓜绢螟等，需及时对症下药防治。

丝瓜连续结果性强，盛果期果实生长较快，可每隔1~2天采收1次。嫩瓜采收过早产量低，过晚果肉纤维化，品质下降。采收时间宜在早晨，用剪刀齐果柄处剪断，采收时必须轻放，忌压。至9月初，盛夏期过，气温开始下降，丝瓜过了盛采期，应及时拉蔓下架，将枝叶清理干净销毁。

复习思考题

1. 什么是茭白的生态种养？
2. "茭白－泥鳅"套养模式有哪些技术要求？
3. "春毛豆－双季茭白－荸荠"轮作有哪些技术要求？

六、秸秆利用

茭白秸秆通常是指茭白采收后茭白壳茭以上的叶片和壳茭以下残留田间的茎叶。茭白种植户通常将茭白连同上部的叶片一起采收，然后运送到田头或者处理场所将叶片割下，壳茭作为商品出售，叶片则成堆抛弃在路旁或者田间地头。茭白采收后，残留茎叶及根系留在田里，种植户通常将其焚烧或任其腐烂。初步估计，大部分茭白品种的叶片和叶鞘生物产量占茭白植株总生物产量的50%~70%，每亩茭田每年产生的茭白新鲜秸秆可达2000千克以上。如果不做科学处理，将造成严重的环境污染和资源浪费。

茭白秸秆中，纤维、蛋白质、木质素含量很高，用途很广。茭白秸秆主要作为牛、羊、鱼的饲料或者饵料，作为作物肥料；作为生产和生活能源利用，作为草腐菌的培养料栽培食用菌（见图3.28），养殖高蛋白蝇蛆、蚯蚓等，用于造纸和造板材的原料，用于制作日用品、装饰品的原料等，多层次循环利用等。

图3.28　茭白秸秆资源化生产大球盖菇

（一）加工成食用菌基料

以茭白鞘叶为主，加工成栽培食用菌的基料后应及时晒干备用，防止霉变。

1. 茭白鞘叶栽培蘑菇

蘑菇是一种典型的草腐菌，适合在草质培养基质上栽培。因此，蘑菇是利用茭白鞘叶栽培的最适宜的菇种之一。其栽培程序如下。

（1）参考配方（110平方米栽培面积计）。干茭白鞘叶2500千克，尿素50千克，复合肥25千克，菜籽饼（或棉籽饼）125千克，石膏95千克，石灰35~55千克。

（2）栽培季节。双孢蘑菇栽培季节通常为9月至翌年5月。

（3）栽培模式。可采用层式大棚（或空闲房）栽培及大田中棚地栽。

2. 茭白鞘叶栽培草菇－鸡腿菇

草菇是一个适合夏季高温季节栽培的速生型菇种，从播种到采收结束只需20~25天。栽培后的废料刚好可以用来栽培鸡腿菇。草菇以废棉栽培最佳，加入茭白鞘叶可以增加透气性，提高产量和质量。

（1）茭白鞘叶栽培草菇。

①参考配方：废棉77%~88%，茭白鞘叶（切碎）10%~20%，石灰2%~3%。

②栽培季节：自然气候栽培季节为夏季6—9月。

③栽培模式：室外畦地栽培，利用蔬菜大棚或搭小拱棚栽培，或室内床式栽培，利用空房及蘑菇房夏闲期栽培。

（2）草菇废料栽培鸡腿菇。

①参考配方：配方A为草菇培养废料58%，稻草40%，石灰2%；配方B为废料75%，牛粪19%，磷肥1%，石灰4%，尿素1%。

②建堆发酵：堆高1米，宽1~1.5米，盖膜保温，使堆温达60℃以上，隔5天、3天、2天分别翻堆1次，直至无臭味，产生大量放线菌。

（二）加工成饲料

1. 茭白鞘叶碱化处理

农作物的秸秆，如茭白茎叶、麦秸、玉米秸秆等，是家畜饲料的重要来源。许多养殖户未经处理就将秸秆直接饲喂牲畜，这很难被牲畜消化和吸收利用，因为作物秸秆中含有大量的木质素、纤维素和半纤维素。如果在饲喂前把秸秆先进行处理，使纤维素水解和膨胀，则吸收利用率会大大提高。现将常用的几种碱化处理的方法介绍如下。

（1）湿法碱化法。所谓湿法碱化，就是将秸秆浸泡在1.5%氢氧化钠溶液中，每100千克秸秆需要1000千克碱溶液，浸泡24~48小时后，捞出秸秆，淋去多余的碱液（碱液仍可重复使用，但需不断增加氢氧化钠，以保持碱液浓度），再用清水反复清洗。该方法的优点是可提高饲料消化率25%以上，效果显著；缺点是清水冲洗过程中，有机物及其他营养物质损失较多，污水量大则需要净化处理，否则会污染环境。因此，这个方法目前较少采用。

（2）干法碱化法。用4％~5％（占秸秆风干重）的氢氧化钠配制成浓度为30％~40％碱溶液，喷洒在粉碎的秸秆上，堆积数日后不经冲洗直接喂饲反刍家畜，秸秆消化率可提高12％~20％。该方法的优点是不需用清水冲洗，可减少有机物的损失和对污水的处理，便于机械化生产。但牲畜长期饲喂这种碱化饲料，其粪便中钠离子增多，若用作肥料，长期使用会使土壤碱化。

（3）喷洒碱水快速碱化法。将秸秆铡成2~3厘米的短草，每千克秸秆喷洒5％氢氧化钠溶液1千克，喷洒并搅拌均匀，经24小时后即可饲喂。处理后的秸秆呈潮湿状、鲜黄色、有碱味，牲畜喜食，比未处理秸秆采食量增加10％~20％。处理后的秸秆pH值在10左右。若不补喂其他饲料，碱化秸秆的氢氧化钠溶液浓度可达5％，若碱处理秸秆饲料只占日粮一半时，碱液浓度可提高到7％~8％。

（4）喷洒碱水堆放发热处理法。使用25％~45％氢氧化钠溶液，均匀喷洒在铡碎的秸秆上，每吨秸秆喷洒30~50千克碱液，充分搅拌混匀后，立即把潮润秸秆堆积起来，每堆至少3~4吨。堆放后秸秆堆内温度可上升到80~90℃，此系氢氧化钠与秸秆间发生化学反应所释放的热量所致。温度在第3天达到高峰，以后逐渐下降，到第15天恢复到环境温度水平。由于发热的结果，水分被蒸发，秸秆含水量达到适宜保存的水平。经堆放发热处理的碱化秸秆，消化率可提高15％左右。

（5）生石灰碱化法。要求用氧化钙含量不少于90％的生石灰制备石灰溶液，每吨秸秆需30千克生石灰，放入2.0~2.5吨清水中熟化，充分搅拌后使其自然澄清，并添加10~15千克食盐，用澄清液浸泡切碎的秸秆，经24小时浸泡后，把秸秆捞出，放在倾斜的木板上，使多余的水分溢出，再经过24~36小时，即可饲喂牲畜。这种方法可提高营养价值50％~100％。但用水量较大，污水也需处理。石灰水碱化秸秆的主要优点是成本低廉，原料各地都有，可以就地取材。

2. 茭白鞘叶氨化处理

常规秸秆饲喂家畜通常存在消化率低、适口性差、采食量低以及粗蛋白含量低等问题，不能满足牲畜的基本营养需求，其能量只能满足牲口的90%，而粗蛋白只能满足60%。氨化后秸秆蛋白质含量从原来的3.3%提高到7.1%，粗脂肪含量从原来的0.46%提高到0.71%，消化率大大提高。

目前，秸秆氨化方法主要有袋法氨化和池法氨化两种。

（1）袋法氨化。用周长2米的筒式塑料膜，每个袋取2.5米长，一头闭合。将秸秆切成3~5厘米长，按100千克秸秆，以3千克尿素、1.5千克石灰、60千克清水的比例将尿素、石灰溶于清水中，制成尿素石灰溶液，喷洒到秸秆上，搅拌均匀后压实装入塑料袋，最后扎紧袋口进行氨化。该方法简单易行，易密封，氨化质量高，1次性投资小；其缺点是易破损，相对成本高，不能久用等。

（2）池法氨化。选择在地势较高处建立2立方米的二连池，池长2.36米、宽1.21米、深0.86米，四壁垂直，底部和四周用砖砌平，中间砌一隔墙，顶部呈拱形，用水泥将四周和底部糊实。秸秆拌料方法与袋法氨化相同。秸秆分层踩实，用深色塑料膜封顶，四周落于池外沿，用泥压封四边。该方法装填量大，相对成本低，夏季半月氨化1次，冬季1个月氨化1次，一般可供2头牛饲养之用。

（三）直接返田作肥料

作为农作物的肥料，茭白鞘叶处理方法包括秸秆直接返田、秸秆堆沤返田、秸秆盖田等。

茭白秸秆直接返田方法有三种：①茭白叶鞘直接留田；②茭白叶片覆盖返田，即将茭白叶片整体覆盖在茭白株行间，每亩返田150~200千克，但目前更多的是将茭白叶片覆盖在其他经济作物上，如柑橘、竹笋、马铃薯等；③茭白鞘叶粉碎返田，每亩返田300~500千克。

秸秆堆沤返田通常以高温堆沤，使鞘叶快速腐熟，通过控制湿度（含水量65%以上），调节碳氮比（加入0.5%的尿素），撒入发酵腐化剂，分层堆积提高腐化，将秸秆转变为有利农作物吸收的有机肥。目前按微生物作用机理可分为好氧发酵和厌氧发酵两类。典型的好氧发酵依靠细菌、放射菌及酵母菌3大类21~31种有效菌群，其含有几十种不同类型的酶，具有极强的好气性发酵分解能力，可分解天然有机物和部分人工合成化合物及岩石矿物质，使秸秆变成富含蛋白质、葡萄糖、矿物质、多种维生素、核酸、生长促进因子、促进胆固醇代谢物等多种发酵生成物，成为高效有机肥。典型的厌氧发酵依靠厌氧菌群及化学催腐剂，通过使秸秆腐烂来提高堆沤秸秆有机肥中有机质与氮、磷、钾等有效成分的含量。根据测定，500千克秸秆堆腐肥，其肥效相当于15千克尿素、24千克过磷酸钙和20千克氯化钾。土壤使用堆腐肥，还可改善土壤理化性状，提高肥效，减少对环境的污染。

秸秆覆盖果园能有效改善土壤的水、肥、气、热指标，提高土壤肥力，促进作物增产。据试验，覆盖茭白秸秆可使作物株间水分蒸发量减少56~64毫米，在果园可降低60%的无效蒸发量，在25°坡地上，每亩覆盖400千克秸秆可使水土流失减少89.5%，日均地温提高0.5~2.0℃。夏季覆盖秸秆，日均地温能降低0.3~1.0℃。连续3年覆盖秸秆与不覆盖秸秆相比，每立方米土壤容重会降低0.01~0.04克，土壤碱解氮、有效磷、有机质分别会提高5~21毫克/千克、0.8~9.2毫克/千克和0.03%~0.07%。秸秆的遮阳作用可有效减少田间杂草达80%以上，覆盖效果远高于地膜。

（四）作为生产和生活能源

茭白鞘叶作为能源的处理方式主要有秸秆直燃供热技术、秸秆气化供气技术、秸秆发酵制沼技术、秸秆压块成型及炭化技术等。目前直接将茭白鞘叶作为薪柴燃烧的不多，因为直接燃烧的利用率较低。因此，茭白鞘叶用作沼气发酵制沼、秸秆气化、秸秆压块成型及炭化等处理模式的材料。

1. 茭白鞘叶气化技术和能源利用

秸秆气化主要分企业型和用户型两大类。企业型气化设备比较大,用户型相对较小。目前比较实用和容易推广的是小型民用秸秆气化炉。按照其功能不同,有普通型、带有储气装置型和采用水压式供气型3种比较典型的小型气化炉。其原理是,首先在气化炉内部加满秸秆,在底部引燃秸秆,在小功率风机(一般10~20瓦)的助燃下,秸秆氧化层与空气发生氧化反应生成二氧化碳。首先往上一层进入预热段,即干燥层后,开始升温预热,部分水分开始挥发;然后往上进入干馏层,随着温度的升高,部分秸秆开始气化而挥发出一氧化碳、氢气等可燃的混合气体;再往上一层进入还原层,底层部分燃烧过的二氧化碳与碳发生还原反应,生成一氧化碳等气体;最后可燃气体通过出气管供燃气灶使用。该处理运行的前提条件是必须有电力供应,驱使风机工作而形成助燃条件,从而产生高温、高热环境。

2. 茭白秸秆发酵作为沼气利用

秸秆制沼历史悠久。在厌氧条件下,秸秆在多种微生物作用下会降解成沼气,并副产沼液和沼渣。沼气含有50%~70%甲烷,是高质量的清洁燃料,在稍高于常压的状态下,通过管道供应农家用于炊事、照明、果品保鲜等。茭白秸秆可直接投入沼气池,沼气池中秸秆、人畜粪便和水的配比一般为1:1:8,在产沼过程中,需定期投入发酵基质及清理沼渣。实践表明,建一口8~10立方米的沼气池,可年产300~350立方米沼气,能满足一个3~5人家庭一日三餐和晚间照明的用能。因此,秸秆制沼不仅可优化农村能源结构,节约不可再生能源的消耗,还具有良好的经济、环境和生态效益。

改进后的茭白秸秆产沼法是将秸秆入池前粉碎成5厘米左右,加入1千克复合菌剂堆沤2~3天,为提高产气效率,有的还加入10~15千克的碳铵,1个8立方米沼气池,1次性可投入500千克茭白秸秆。该项技术与常规秸秆发酵和人畜粪便发酵技术相比,产气率分别提高了30%和6.8%,产气时间分别提前了4~8天和1天以上,而且延长了产气周期，只需 8~10 个月换新料 1 次，有的沼气池甚至可维持正常产气 12 个月，实现了高效、稳定和持续运行。在制取沼气的同时，还可获得副产品沼渣、沼肥和沼液。沼渣可用来喂养猪、鱼等，沼肥可作为有机肥和土壤改良剂，沼液可用来浸种等。

3. 秸秆压块成型及炭化技术

秸秆的主要成分是纤维素、半纤维素和木质素。它们通常在 200~300℃软化，将其粉碎后，添加适量的黏结剂和水，施加一定的压力使其固化成型，即得到棒状或颗粒状"秸秆炭"。若再利用炭化炉，则可将其进一步加工处理成具有一定机械强度的"生物煤"。秸秆成型燃料容重为 1.2~1.4 克 / 厘米^3，热值为 14~18 兆焦 / 千克，近似中质烟煤的燃烧性能，且含硫量低，灰分小。其优点主要有四点：①制作工艺简单，可加工成多种形状、规格，体积小，储运方便；②品位较高，秸秆利用率可提高到 40% 左右；③使用方便、干净卫生，燃烧时污染极小；④除民用和烧锅炉外，还可用于热解气化产煤气、加工活性炭和各类"成型"炭。

4. 茭白秸秆热解炭化技术

茭白秸秆热解炭化工艺包括炭化系统、燃烧系统、控制系统等。其中炭化系统采用外热干馏法，多段式热解，通过干化、热解、炭化、冷却等，形成生物质炭，终端废气达标排放。本项目的关键技术达到国内领先水平。

其工艺优点如下。

（1）秸秆热解炭化，大幅减轻茭白秸秆对水源的污染及残存病原菌和害虫对作物的为害。

（2）炭化过程不产生焦油、尾气达标排放。

（3）秸秆炭还田后能改良土壤，减少病害、减少化肥用量、提高茭白产量和品质。

（4）炭化过程没有焚烧，大幅减少二氧化碳的排放量（见图 3.29、图 30）。

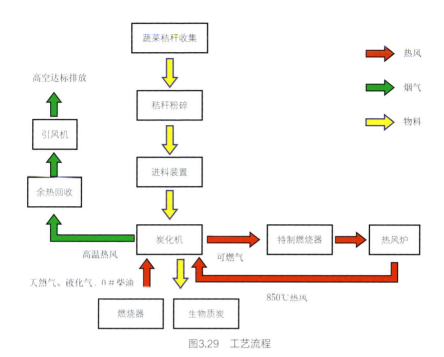

图3.29 工艺流程

图3.30 茭白秸秆热解炭化

（五）茭白秸秆制作堆肥

（1）秸秆收集、粉碎（见图3.31）。将收集的茭白秸秆用铡草机切成2~4厘米的小段。

（2）调节水分。将秸秆含水量调到60%~65%。

（3）调节碳氮比。每吨纯叶鞘加尿素 3~4 千克，将秸秆碳氮比调节到（25∶1）~（30∶1）；混合秸秆碳氮比约为（25∶1）~（30∶1），无须调节。

（4）接种发酵菌剂。按秸秆腐熟剂的使用方法接种发酵菌剂。

（5）建堆。将秸秆堆成宽 1.5~2.0 米、高 1.0~1.2 米、长度不限的垛堆。

（6）翻堆。当垛堆中部发酵温度不再升高并开始降温时及时翻堆，要求上下混合均匀。翻堆后重新堆成条垛状，如有液体流出，应将流出的液体浇回到堆体。堆料水分低于 50% 时需补充水分至 60%。

（7）腐熟。夏季堆温降至 50℃、冬季堆温降至 40℃以下可完成腐熟（见图 3.32）。

图3.31　秸秆收集、粉碎　　　　　图3.32　充分腐熟的堆沤肥

（六）茭白秸秆覆盖果园

茭白秸秆用于覆盖果园畦面（见图 3.33），在夏秋高温季节可起到良好的降温保湿效果，在冬春低温季节则可起到良好的保温增温效果。覆盖厚度以 5~8 厘米为宜，每亩覆盖新鲜茭白秸秆量约为 2 吨。

图3.33 茭白秸秆覆盖果园

1. 茭白秸秆果园覆盖夏季降温效果

据测定，2019年夏季露地果园土表最高平均温度达35.81℃，覆盖茭白秸秆后仅为29.03℃，土表平均最高温度下降6.78℃，降幅达18.93%。未覆盖果园地下10厘米平均最高土温为30.02℃，覆盖秸秆后平均最高土温仅为28.25℃，下降1.77℃，降幅达5.90%。单日最高温度出现在7月31日，未覆盖秸秆的果园土表最高温度为56.9℃，覆盖后仅为32.3℃，下降24.6℃，降幅达43.2%；未覆盖茭白秸秆的果园地下10厘米最高土温35.4℃，覆盖后仅为31.0℃，降低4.4℃，降幅达12.4%。主要原因是秸秆覆盖在地表形成一层土壤与大气热交换的障碍层，阻止了太阳直接辐射，延缓了升温速度，起到了良好的降温效果。

2. 茭白秸秆果园覆盖冬季保温效果

2019年1月24日—2月22日，覆盖茭白秸秆后的土表平均最低温度为9.56℃，露地果园为6.79℃，增温2.77℃，增幅达40.8％。主要原因是秸秆覆盖在地表形成一层土壤与大气热交换的障碍层，减少了土壤热量向大气中散发，同时还有效地反射长波辐射，起到了良好的保温效果。

覆盖茭白秸秆后土壤温度变化趋于缓和，低温时有"增温效应"，高温时有"降温效应"，这种双重效应对作物生长十分有利，能有效地缓解气温激变对作物的伤害，具有良好的经济效益和生态效益。

**复习思考题**

1. 茭白鞘叶栽培蘑菇的栽培程序如何？
2. 茭白秸秆覆盖果园有哪些好处？
3. 茭白秸秆怎样发酵作为沼气利用？

七、储运加工

（一）收获

1. 采收前管理

茭白肉质茎含水量较低，有利于冷藏保鲜。采收前10天，不宜过多施用肥料，保持50％肉质茎在水位以上为宜。

2. 采收时间

在晴天8时前或阴天采收茭白为宜，如遇雨天和高温时段，晾干处理或预冷处理后打包，打包后及时入库。

3. 采收成熟度

在"露白"前采收为宜，结合茭白品种特性和市场需求，应适时采收（见图3.34）。

图3.34 茭白露白时及时采收

4. 采收方法

保留茭白肉质茎下面直径为1~2厘米的直立茎，将其割断，壳茭长度在30~35厘米为宜（见图3.35）。

图3.35 分级包装

5. 质量要求

具有优良品种特征，不浸水、外观新鲜。茭白污染物和农药最大残留限量指标应分别符合 GB 2762—2017《食品安全国家标准　食品中污染物限量》、GB 2763—2021《食品安全国家标准　食品中农药最大残留限量》的要求。茭白质量应符合 NY/T 1834—2010《茭白等级规格》的要求（见表 3.3）。

表3.3　茭白的质量分级标准

项目	特级	一级
色泽	净茭表皮鲜嫩洁白	净茭表皮洁白、鲜嫩，露出部分黄白色
外形	茭形丰满，中间膨大部分匀称	茭形较丰满，中间膨大部分较匀称
茭肉横切面	洁白，不脱水，有光泽，无色差	洁白，不脱水，有光泽，稍有色差
茭壳	茭壳包紧，无损伤	茭壳包裹较紧，允许轻微损伤

（二）储藏

1. 预冷

茭白采收后应尽快入库预冷、储藏。采收后 2~6 小时内运送到预冷库预冷，预冷温度为 1℃±2℃，预冷时间不超过 24 小时，使茭白肉质茎中心温度接近储藏温度。

2. 包装

（1）包装材料。包装材料应符合食品卫生要求，清洁卫生、无毒、无污染，适宜搬运、运输。外包装可采用纸箱，质量应符合 GB/T 6543—2008《运输包装用单瓦楞纸箱和双瓦楞纸箱》的要求，无虫蛀、腐烂、受潮等现象；内包装应采用茭白专用保鲜袋。

（2）包装方式。将预冷后的茭白整齐、水平地放入茭白专用保鲜袋内，不挤压，每个包装单位净含量以 10~20 千克为宜。同时，包装袋应具有明确的包装标识，符合 NY/T 1655—2018《蔬菜包装标识通用准则》的规定，注明产品名称、产地、生产日期及储存条件等信息。

3. 储藏

（1）短期储藏。茭白采收后，将壳茭直接装入茭白专用袋中，每个包装单位净含量以 10~20 千克为宜，一般预冷库内储藏时间不超过 3 天。

（2）长期储藏。该方法适用于茭白的冷库储藏，禁止与其他蔬菜、水果等混装。

入库前对库房及包装材料进行灭鼠、灭菌、消毒处理，及时通风换气。入库前检修并调试制冷设备，库房温度应提前 1 天降至 −3~0℃，使库房充分蓄冷。

茭白储藏架应分 2~3 层，总高度不超过库高的 2/3，码垛以不超过 3 箱为宜，货垛与库壁间隙为 5~10 厘米，每立方米有效库容茭白储藏量不超过 200 千克，按照不同品种、产地等级分别垛码，并悬挂垛牌（见图 3.36）。

短期储藏　　　　　　　　　长期储藏

图3.36　冷藏

库房温度应定时监测，储藏温度以 1℃ ±2℃为宜。每个库房应选择 3~5 个有代表性的测温点，取其平均值。

库房内湿度以 65%~80%为宜（若编织袋包装，库房内湿度以 85%~95%为宜）。

储藏库应实行专人管理，定期对库房内温度、湿度等重要参数及注意事项做好记录，建立档案。

4. 出库

出库茭白的质量要求见表3.4。

表3.4　出库茭白的等级参照表

项目	等级		
	一等品	合格品	不合格品
外观	茭壳鲜绿，水分饱满，无腐烂霉点	茭壳绿色，轻微失水，无腐烂霉点	茭壳黄褐色，皱缩，霉点严重
茭肉表面	形态饱满，未脱水，茭肉洁白，有光泽，无斑点	形态饱满，未脱水，茭肉有少量黄色或褐色斑点	皱缩严重，黄褐色斑点较多
茭肉横切面	组织致密，未脱水，切面洁白有光泽	组织轻微脱水，切面洁白有光泽	组织有空心，切面色暗
气味	具有茭白特有的清香味，无异味	开袋稍有酒精味或其他异味	开袋酒精味浓或有其他异味较浓

注：只要外观、茭肉表面、茭肉横切面和气味中有一项指标不合格，即为不合格产品。

5. 运输

宜采用冷藏车运输，车内温度以0~5℃为宜。装车时，上部要预留空间，利于冷气循环。

（三）加工

1. 微加工（净菜）茭白

挑选健壮、无损伤的茭白，去壳后，用流动清水冲洗1次、无菌水清洗2次，然后浸于保鲜液中1分钟（使用浙江省农业科学院食品科学研究所研制的茭白专用保鲜剂或其他专用保鲜剂，将其倒入干净的池水中，配制成1‰均匀溶液，即为保鲜液），捞出后晾干。然后装入净菜茭白专用保鲜袋，每袋3根，放入保鲜库中保存，销售过程中采用低温冷链储运，保鲜期达1个月以上。

2. 茭白干

选择老嫩适度的茭白，去壳后清洗干净，根据需要切成丝、片或自定形状。将切分好的茭白放入开水中煮2~5分钟（烫透为度），热烫完毕后迅速放入冷水中冷却。将冷却后的茭白放入尼龙丝袋中用离心机脱水后，置于烘盘中干燥。

可采用太阳自然晒干，也可在烘房中烘制。烘房温度先控制在75℃左右，维持4~6小时，后逐渐降至55~60℃，直至烘干为止。干燥期间注意通风排湿，并且须倒盘数次，以利均匀干燥。将干燥后的脱水茭白适当回软后，装于塑料袋中密封保存。食用时用温水泡2小时即可。

3. 脱水茭白

选用新鲜茭白，切成细丝或薄片，经沸水（加少量食盐）煮2~5分钟后捞出，沥水晾干后在太阳下晒干或经烘箱烘干，企业化生产则用隧道式脱水设备烘干。此外，也可将新鲜茭白整条用盐水煮5~8分钟，晾干并撕成条后继续在太阳下晾晒。晒干后的成品应立即装入聚乙烯薄膜袋中密封保存。食用时用温水浸泡1~2小时后再烹调。

4. 盐渍茭白

选择鲜嫩茭白，去壳后，削去木质化程度较高的部分、青皮、嫩尖等，入缸（池）盐渍。初腌时每100千克茭白加食盐5~7千克，腌24小时后翻缸（池），再加食盐18~20千克，分层铺撒后压紧，顶面再盖一层盐，并用石块压紧。数日后，卤水可淹没茭白，在盐渍期间应注意遮光，并检查卤水是否将茭白浸没。如卤水不足，可另配盐水补足。因盐渍茭白盐度过高，食用时必须先浸泡数日漂洗脱盐，再烹调。

5. 盐渍半成品

选择色白、无虫蛀、无黑心且老嫩适度（七八成熟）的茭白，去壳、洗净、分切或整支，每100千克加盐10千克，另加10%盐水50千克，面上加一定重压。经3~7天（因湿度而异，中间适当倒池），茭白已软化且食盐已基本渗入茭白内部后，将盐渍后的茭白弃液沥干，再按每100千克加盐15千克密封加压，经15~30天半成品茭白即成，真空包装封口后即可出售。开袋脱盐后，即可用作菜肴的主料或配料。

6. 休闲蜜饯型茭白

将盐渍茭白整条或分切，漂去盐分和杂质，以基本脱尽为目标。采用离心或压榨方法脱去60%左右水分。采用糖渍、酱渍等方式制成不同形状和不同口味的产品，静置10分钟使调味料充分渗透入味。采用自然干燥或烘房干燥。一般在60~70℃条件下烘至含水量为18%~20%即可。烘烤过程中隔一定时间要通风排湿，并适当进行倒盘，使干燥均匀。经回软后包装即成，回软期通常需24小时左右。

7. 软包装即食茭白

将盐渍半成品茭白根据需要切成不同的形状进行脱盐，脱盐量可根据需要灵活掌握，但对初学者来说，以脱尽为宜。脱盐后的茭白需要脱去一定的水量才有利于调味。一般情况下，脱水量掌握在30%左右为宜，过多或过少均会对调味效果和口感产生不良影响。根据需要，可采用固态或液态方式调味，味型可选择鲜辣、甜酸、咖喱以及适合不同地区的特定味型。即食茭白包装可选用透明或不透明材料，但应以质感良好、封口性佳、阻隔性好为标准。物料充填后采用真空封口，需要协调好真空度、热封温度、热封时间的关系，原则是必须保证有良好的真空度和封口牢度。采用高压或常压、蒸汽或水浴方式杀菌。杀菌完成后的包装产品应尽快冷却，待干燥、检验后即为成品（见图3.37）。

8. 速冻茭白

选用符合加工规格的新鲜茭白，要求茭肉洁白、质地致密柔嫩、无病虫害，剔除灰茭、青茭等。剥壳后，立即放入盛有清水的容器内，注意避光、避风以免发青，随后分级整理。茭肉根据需要可加工成整支或丁、丝、片等不同形状。将盛装在清水中剥好的茭肉取出，切去根部不可食用部分，修削略带青皮的茭肉，剔除不符合加工要求

图3.37　软包装即食茭白

的茭肉，整支规格可按长度分成大、中、小 3 个级别，即 18~22 厘米、14~18 厘米和 12~14 厘米。茭白丁一般为 1 厘米 ×1 厘米 ×1 厘米，加工过程中尽可能不脱水。

将分级整理好的茭肉热烫杀青，根据茭肉不同规格大小决定热烫时间。一般整支茭肉放入沸水中热烫 5~8 分钟，茭肉丁为 2~3 分钟，使茭肉中过氧化物酶失活即可。然后将热烫后的茭肉迅速放入 3~5℃清水中冷却，使茭白中心温度降至 12℃以下，用振动沥水机沥去表面水分。整支茭肉沥水要求不高，可置漏水的容器中自然沥水。

将上述经热烫杀青后的茭肉速冻、包装。冷却后的茭肉采用流态化速冻装置或螺旋式速冻装置，以达到单体快速冻结，保持新鲜茭肉的风味。根据茭肉规格决定冻结所需要的时间，使产品中心温度达到 −18℃以下。称重后一般用聚乙烯塑料袋包装。常用包装规格为每箱5000克×20包。放入瓦楞纸箱，包装间温度要求在12℃以下，以免产品回温、影响质量。

速冻包装好的产品应迅速放入储藏冷库。冷藏库温度要求保持在−24~−18℃。

9. 保鲜出口茭白

保鲜出口茭白应采用茭肉洁白、质地致密的茭白，剥去外叶和叶鞘，仅在顶端保留1~2张心叶，并剔除灰茭、畸形茭、虫咬茭和伤残茭白，再用刀去根、去薹管，将基部削平。茭肉长度、粗度和单茭重因品种不同而异。一般长度为30~40厘米（可食部分20~35厘米），粗2~4厘米，单茭重50~100克。保鲜茭白用聚乙烯薄膜袋、纸箱包装，每袋500克（或1000克），每箱20袋（或10袋），计每箱10千克。纸箱长73厘米、宽37厘米、高20厘米。该产品可空运，采用冷藏集装箱运输时应先预冷处理，冷藏箱温度0~2℃，每集装箱可装420箱左右。

10. 茭白脯

以茭白50千克、蔗糖35千克、食盐4千克、一定量食用胭脂红色素的比例配料。选择肉质洁白柔嫩、无腐烂、无损伤的新鲜茭白为原料，剥去外皮，用清水冲洗干净，然后斜切成3~5毫米厚的薄片，将茭白片放入缸中，然后1层茭白铺1层盐，层层码放，腌制10~14小时。将腌制后的茭白片放在清水中漂洗，除去咸味，然后沥干水分，晾晒1天。将胭脂红色素用适量水溶解后倒入茭白片浸泡，使之着色，然后进行糖煮。先配制65%蔗糖溶液，加热至沸，然后倒入茭白煮制2小时，其间不断翻动，煮至糖液温度达120℃，手感坚硬时捞出。将茭白片沥干糖液后，均匀地拌上糖粉，待晒干后即可进行包装。

11. 清渍茭白罐头

挑选新鲜柔嫩、肉质洁白、成熟度适中的茭白，清洗后用刀切去根基部粗老部分，再用刨刀刨去外皮，用切割机先切成10厘米长的段，再切成约1厘米长的正方条。切条经漂洗后放入沸水中热烫2~3分钟，立即冷却。去除断裂、破损者，整理后装罐。把合格的茭白条整齐地竖立在玻璃罐内，装罐量控制在净重的65%以上。按清水96%、食盐2%、白砂糖2%、柠檬酸0.05%的比例配制汤汁，加热煮沸，过滤后装罐。若采用加热排气法，则密封时罐中心温度应达75℃以上；若采用抽气密封法，则真空度控制在39.9~83.3千帕。中号玻璃罐（净重380克），杀菌方式为121℃下杀菌15~20分钟，并反压冷却至38℃。

 复习思考题

1. 怎样掌握茭白的采收时间？
2. 茭白长期储藏需要满足哪些条件？
3. 怎样进行茭白微加工？

第四章　选购食用

　　茭白选购时，主要从壳茭饱满度、新鲜度加以判断，净茭则从茭肉光泽度、饱满度、硬实情况及新鲜程度加以判断。茭白食用方法多样，可切成丝、丁、片、块，可凉拌、爆炒、烧烩、蒸炖做成各色菜肴。

一、选购技巧

茭白挑选时应注意以下几方面。

（一）壳茭选择

一看茭白形状。茭白基部第 1~3 节粗壮饱满膨大，茭肉较直，类似于棒槌的口感较好。茭肉扁瘦、弯曲、形状不完整的往往口感会较差。

二看茭白外壳。茭白外形嫩滑、饱满、光泽度好，茭壳新鲜、不失水。

三看茭肉基部。割开的茭肉基部，茭肉白嫩、致密，无大孔洞，无发泡松软感，味清新，无异味。

如需存放，建议购买壳茭，装入保鲜袋后放入冰箱 0~1℃冷藏室，可保存 15 天以上。

（二）净茭选择

一看茭白形状。茭白基部第 1~3 节粗壮饱满膨大，茭肉较直，类似于棒槌。茭肉扁瘦、弯曲、形状不完整的，往往口感会较差。

二看茭白颜色。茭白表皮洁白、嫩滑、光泽度好。如茭肉呈红色、黄色或青绿色，说明茭白采收过迟或生长环境差，茭白口感自然要差一些。

三闻气味。通常情况下，新鲜茭白散发着一股清新气味，若是有异味，则不建议购买。

四看茭白肉质。茭肉脆嫩、洁白、致密，无大气孔，无发泡松软感，肉质内部无黑点。

（三）茭白产品的安全性

茭白是植株与菰黑粉菌共同作用的产物，而菰黑粉菌的增殖对环境要求极高，过高的温度、不良的环境条件、多种杀菌剂杀虫剂等都会严重抑制孕茭期菰黑粉菌的活性，影响茭白的孕茭、造成茭白膨大。只有满足清洁水源、优良土壤、适宜温度、孕茭期不施用化学杀菌剂等条件，才能促进茭白正常孕茭，生产出洁白、致密、脆嫩、鲜甜的茭白。浙江省茭白产业基地严格执行茭白绿色安全生产技术规范和茭白虫害防控，以频振式灭虫灯、二化螟性诱剂诱杀为主，安全高效的生物制剂为辅，茭白采收前1个月禁止施用化学药剂，确保茭白的质量或商品性。

因此，茭白是最安全的蔬菜产品之一。

复习思考题

1. 怎样选购壳茭？
2. 怎样选购净茭？
3. 怎样保证茭白产品的安全性？

二、食用方法

茭白的食用部分是其肥大的肉质茎，俗称"茭肉"。茭白在未成熟前，有机氮多以氨基酸的形式存在，味道鲜美，是营养价值较高的蔬菜。茭白味甘、性凉，有去烦热、止渴、除目黄、利大小便和解毒等功效。烹饪时，根据个人饮食习惯，茭白可切成丝、丁、片、块，凉拌、爆炒、烧烩、蒸炖做成各色菜肴，风味多样，各具特色。下锅以前，用开水焯一下或清水冲洗少许，口感更加脆嫩。

（一）素炒茭白丝

主料：嫩茭白500克。

辅料：泡红辣椒3只，葱花、盐、胡椒粉、淀粉、鸡粉各适量。

操作过程：将茭白削去外皮，切去老根，切成丝；泡红辣椒去蒂及籽，切成小段；将鸡粉、胡椒粉、淀粉、适量水勾兑成芡汁；炒锅上火，放油烧至五成热，放入茭白丝炒一下，再加盐炒熟，而后放泡红辣椒炒匀，再勾入芡汁，炒匀即可（见图4.1）。

图4.1　素炒茭白丝

（二）原汁茭白

主料：嫩茭白500克。

调料：放点葱油或加点辣，可视个人喜好而定。

操作过程：取带壳嫩芽茭白，切成段；清水加一点盐煮，煮几分钟即可（见图4.2）。

特点：原汁原味，滑嫩爽口。

（三）茭白养生糕

主料：畲乡茭白500克。

辅料：花鲢鱼肉200克，鸡脯肉100克，南瓜50克，紫地瓜50

图4.2　原汁茭白

克，地瓜粉50克。

　　操作过程：鱼肉、鸡脯肉、南瓜、紫地瓜分别制成泥，茭白切成
粒；先用150克鱼泥加150克茭白粒制成白色泥，再用100克鱼泥加
50克南瓜泥和150克茭白粒制成黄色泥，另用100克鸡肉泥加150
克茭白粒和50克紫地瓜泥制成紫色泥，最后分别放入茭白壳内入笼
蒸熟即可（见图4.3）。

图4.3　茭白养生糕

特点：茭白糕有鱼、鸡、粗粮等多种口味。营养丰富、膳食平衡、色彩艳丽，茭白外壳当盛具又有调味功能。此菜还富有畲乡三古荟萃的饮食文化特点。

（四）茭白炒毛豆

主料：嫩茭白250克，毛豆粒100克。

辅料：红辣椒1只，酱油1汤匙，糖半茶匙，葱姜末适量。

操作过程：将茭白削去外皮和老根，放沸水中烫一下再捞出，纵剖成两半，再切成斜长片；红辣椒去蒂及籽，切成稍小的长片；毛豆粒用冷水锅煮约10分钟后捞起；炒锅上火，倒油烧至六成热，放入葱姜末煸出香味，再放茭白、毛豆、红辣椒、酱油、白糖煸炒入味即可（见图4.4）。

图4.4　茭白炒毛豆

（五）蚝油茭白

主料：嫩茭白500克。

辅料：蚝油2汤匙，料酒、盐、糖、胡椒粉、水淀粉、鸡粉各适量。

操作过程：将茭白削去外皮和老根，洗净后剖开，斜切成片；旺火烧约500克油至五成热，放入茭白过油片刻，捞出沥干油待用；炒锅洗净置于小火上，放入蚝油加热，倒入茭白同炒，烹入料酒，加入大半杯水，放鸡粉、盐、胡椒粉和少量糖，加盖焖约3分钟，加入水淀粉勾芡，淋香油即可起锅（见图4.5）。

图4.5　蚝油茭白

（六）茭白老鸭汤

主料：茭白250克、麻鸭1只净重约800克。

辅料：酱油、料酒、盐、老姜、葱各适量。

操作过程：麻鸭洗净切块，冷水下锅，加入老姜、料酒少量，煮至水开；捞出鸭肉用冷水冲洗浮沫。选大小合适的砂锅，加入鸭肉，加清水约1.5千克，加入适量老姜、料酒、食盐，用大火煮开后，转小火炖煮约1小时；茭白滚刀切块，在鸭肉熟透后加入砂锅，继续炖约5分钟，撒入葱花，茭白老鸭汤即成（见图4.6）。

（七）椒盐茭白

主料：茭白100克。

辅料：冬瓜皮、蒜苗、萝卜、酱油、椒盐、盐、生粉各适量。

操作过程：茭白切片装入碗中，加入适量盐和酱油腌制入味；另

图4.6　茭白老鸭汤

起一碗调制稠度适宜的生粉糊。锅内放油，八成热时放入蘸着生粉糊的茭白片，炸制定型后捞出；重新加热油锅，放入茭白片进行二次复炸，炸至表皮酥脆后捞出，摆盘成牡丹花造型即可（见图4.7）。

图4.7　椒盐茭白

（八）茭白炒肉丝

主料：茭白500克、猪肉150克。

辅料：酱油、鸡蛋、精盐、味精、生粉等各适量。

操作过程：猪肉切成细丝，用鸡蛋、生粉浆匀；锅内放油烧热，肉丝下锅炒散，投入葱末、姜末、酱油、料酒，炒拌均匀，接着将切成丝的茭白、精盐炒拌均匀即可（见图4.8）。

图4.8　茭白炒肉丝

（九）香糟茭白

主料：茭白500克。

辅料：香糟25克、精盐、姜汁适量，色拉油500克（约耗25克），豆芽汤20克。

操作过程：茭白去皮洗净，斜切成0.5厘米厚的片，每片在两面分别交叉剞成花刀纹；取1只碗，放入香糟，加清水调匀，用洁布过滤，留汁待用；炒锅置于中火上，加油烧至四成热放入茭白，改用小火将茭白焖熟，倒入漏勺沥油；炒锅复置于中火上，倒入茭白、香糟汁、豆芽汤、精盐、姜汁烧约2分钟，离火放冷，整齐排入盘内即可（见图4.9）。

料理要诀：茭白可分2~3次投入锅内炸余，因为1次投入会因油温太低，致使茭白易软烂；香糟汁加汤不宜过多，以免冲淡香味。

图4.9　香糟茭白

（十）干煸茭白

主料：嫩茭白500克。

辅料：芽菜末、酱油、精盐等各适量。

操作过程：将茭白削去外皮和老根，切成5厘米长的大粗条；炒锅上火，放油烧至六成热，放入茭白炸至棱角微呈黄色、皱皮时，加入酱油、盐煸炒入味，放入芽菜，烹入料酒炒匀，淋香油即可起锅（见图4.10）。

图4.10　干煸茭白

特点：干煸茭白是一道浙江省的汉族传统名菜，属于浙菜系，鲜咸适宜，清淡爽口。

复习思考题

1. 怎样制作素炒茭白丝？
2. 怎样制作茭白炒毛豆？
3. 怎样制作茭白炒肉丝？

第五章　典型实例

　　生产和经营茭白的管理者利用学到的农业生产技术和经营管理经验，积极从事茭白产业的开发，成为当地茭白产业的龙头企业或带头人，辐射和带动了周边农户的茭白生产，推动了茭白产业的发展，促进了农业经济的增长。

一、桐乡市董家茭白专业合作社

（一）基地概况

桐乡市董家茭白专业合作社组建于 2003 年 6 月，位于桐乡市乌镇，集茭白种植、种苗繁育、技术培训、产品营销等社会化服务于一体。合作社现有社员 163 名，建有 3000 平方米茭白交易市场和 8000 吨容量的保鲜冷库，常年联结茭农 2800 余户，联结茭白基地面积 13500 亩，年生产、销售茭白 5 万余吨。先后被评为浙江省省级示范性农民专业合作社、浙江省百强农民专业合作社、浙江省农业科技企业等称号。"董家茭白"先后荣获绿色食品、浙江名牌产品、浙江省著名商标等称号，并获国家地理标志农产品登记保护。

（二）生产销售

主栽品种：龙茭2号、浙茭7号、浙茭911。

种植模式：露地栽培，大棚双膜促早栽培，薹管育苗等。

产品销售：农超对接、市场交易、电商销售等方式，亩均产值2万元左右。

（三）负责人简介

张永根，1961年出生，中专学历，中共党员，电话：1358643 8763。先后荣获浙江省劳动模范、嘉兴市劳动模范、嘉兴市优秀共产党员、嘉兴市十佳农村实用人才、"南湖百杰"暨新农村建设人才等荣誉。现任浙江省第二届农业产业技术创新与推广服务团队水生蔬菜产品组乡土专家。

二、磐安县苍山茭白专业合作社

（一）基地概况

　　磐安县苍山茭白专业合作社成立于2010年，专业从事茭白生产及种苗繁育。合作社的茭白产品已通过绿色食品认证，其中，"翠都"茭白曾多次荣获浙江省精品果蔬展销会金奖。茭白种植基地全面推广"茭白–嫁接茄子水旱轮作"栽培技术、病虫害绿色防控技术，组织开展茭白病虫害统防统治，通过社会化服务，提高农民组织化程度和标准化生产水平，从而确保磐安高山茭白质量安全。

（二）生产销售

主栽品种：金茭 1 号、北京茭。

种植模式："单季茭白 – 茄子水旱轮作"，薹管育苗、割茎再生。

产品销售："合作社 + 基地 + 农户"，统一收购、包装销售。

（三）负责人简介

胡杰武，1964 年出生，中专学历，电话：15869295683。浙江省蔬菜瓜果产业协会会员、磐安县科技示范户，联合组建了磐安县五品茭白专业合作社联合社，承担茭白种苗提纯复壮、茭白新品种引种试验、菌肥试验等，将高山茭白等蔬菜产品销往杭州、温州、绍兴、义乌等地。

三、缙云县昊禾茭白专业合作社

（一）基地概况

缙云县昊禾茭白专业合作社成立于2008年，位于缙云县新建镇，注册资金30万元，主要从事茭白生产、销售和技术推广。合作社建有茭白交易市场1500平方米，是缙云县茭白主要集散地之一；保鲜冷库容量5500立方米，是丽水市最大的茭白产地保鲜冷库。合作社有茭白生产基地380亩，其中大棚150亩，并与省（区、市）科研院所联建试验示范基地，促进茭白科研成果转化推广。

（二）生产销售

主栽品种：浙江3号、浙茭7号、浙茭911、丽茭1号。

种植模式：大棚栽培、露地栽培。

产品销售：以销售商入驻市场、合作社提供代购服务为主，农贸市场批发、代购代销、超市直销、线上销售为辅，合作社茭白年销售量超1.8万吨，销售额超过7000万元。

（三）负责人简介

王斌，1974年出生，高中学历，电话：15805781151。先后荣获2011年丽水市农村实用人才百名优秀人物、2015年丽水市人民政府颁发的"丽水农师"、2017年"浙江百名新型职业农民风采"人物、缙云"精英茭白师傅"、缙云县"十大茭白师傅"等称号。

四、缙云县五羊湾果蔬专业合作社

（一）基地概况

缙云县五羊湾果蔬专业合作社成立于2008年，位于缙云县壶镇镇，注册资金50万元，主要从事茭白生产、销售、技术推广及种苗繁育推、农资购销、机耕等社会化服务。合作社在省内外建有茭白生产基地4600亩，种苗繁育基地120亩，拥有茭白交易市场800平方米，是缙云县茭白主要集散地之一。

（二）生产销售

主栽品种：丽茭1号、美人茭。

种植模式：单季茭，一年两收。

产品销售：以农贸市场批发销售为主渠道，茭白产品主要销往省内的杭州、宁波、温州、台州等地，以及省外的广州、长沙、南昌、成都、合肥、武汉、上海、南京、济南、西安、北京等城市。与省内多家大型超市开展农超对接，建立茭白直销基地。通过邮乐购、淘宝网等网络平台，实现缙云茭白线上销售。2019年茭白年销量超2万吨，销售额近1亿元，并通过中国海关审核，成为"出口食品原料种植场"，茭白产品外销至西班牙、意大利、美国等国家，成功开拓了缙云茭白海外市场。

（三）负责人简介

李春萌，1973年出生，大专学历。从事茭白生产销售达25年，先后获得浙江省基层农技推广"万向奖"先进个人、"浙江百名新型职业农民风采"人物、丽水市"乡村振兴年度贡献"人物、高级丽水农作师、缙云"精英茭白师傅"、缙云县首批"新农人"讲师、缙云县创业创新人才、缙云县"十大茭白师傅"等荣誉。

电话：13567611928

五、台州市黄岩官岙茭白专业合作社

（一）基地概况

台州市黄岩官岙茭白专业合作社成立于2008年，位于首批"浙江省农业特色强镇"的北洋镇，是浙江省省级示范性农民专业合作社。合作社采用"基地＋农户＋合作社＋直销窗口"经营模式，提供产、供、销一条龙服务。合作社现有茭白种植基地500亩，种苗繁育基地100亩，保鲜冷库2个，年茭白冷藏量8万吨，注册商标"北洋清水"，茭白产品实现周年供应，主要销往合肥、武汉、广州、上海、温州等城市。基地和产品已纳入农产品质量安全追溯体系，实行标识上市，茭白质量实现全程可追溯。基地茭白产品多次获浙江省农产品展示展销会金奖，2017年被认定为台州市著名商标，是浙江省全产业链质量安全风险管控示范基地和浙江省高品质绿色科技示范基地。

（二）生产销售

主栽品种：浙茭 8 号、浙茭 10 号、龙茭 2 号。

种植模式：大中棚栽培，培土护茭，带茭苗繁育。

产品销售：产品经分级包装后，批发或网上销售。分装产品包括壳茭和肉茭，壳茭分 5 千克、15 千克、35 千克袋装和 1.5 千克箱装，肉茭则均为 5 千克袋装。

（三）负责人简介

蒋良珍，1973 年出生，高中学历，中共党员。2008 年开始从事茭白生产经营，浙江省第十四次妇女代表大会代表，先后获"浙江好人"、浙江省万名好党员、台州市劳动模范、台州市乡村振兴巾帼达人、黄岩区第七届拔尖人才、黄岩区十佳女能手等荣誉称号。

电话：15267630655

六、台州市黄岩良军茭白专业合作社

（一）基地概况

台州市黄岩良军茭白专业合作社成立于 2016 年，位于黄岩区头陀镇新下岙村，现有茭白种植基地 200 亩，集绿色种植、标识销售、种苗繁育、技术培训于一体，是台州市示范性农民专业合作社。基地产品统一使用"西红岩溪"牌商标，统一实施产品合格证制度，实现产品可追溯，产品远销上海、湖南、广州等地。2016 年以来，合作社先后承担茭白秸秆粉碎堆肥试验、茭白有机替代试验和绿色综合防控技术示范等项目，系"十三五"国家特色蔬菜产业技术体系黄岩示范基地、全国农技推广中心黄岩茭白肥药减量增效示范基地、浙江省茭白病虫害绿色防控示范区（黄岩）、浙江省肥药"两制"改革示范基地、种植业"放心菜园"省级示范基地和省级现代农业科技示范基地。

（二）生产销售

主栽品种：浙茭 8 号、浙茭 10 号、浙茭 3 号。

种植模式：大棚栽培，培土护茭，带茭苗繁育。

产品销售：主要以壳茭产品形式销售，产品经分级包装后，批发或网上销售。包装规格包括 2.5 千克、10 千克、17.5 千克袋装和 2.5 千克、10 千克、20 千克箱装。

（三）负责人简介

杨良军，1975 年出生，大专学历。2010 年开始从事茭白生产经营，肯钻研、敢投入，已获发明专利 2 项。

电话：13757643223

七、嵊州市鹿山街道江夏茭白产销专业合作社

（一）基地概况

嵊州市鹿山街道江夏茭白产销专业合作社成立于2004年，位于嵊州市江夏村，基地面积560亩，建有保鲜冷库4000立方米。合作社专业种植茭白，聘请了嵊州市农业科学院过红英高级农艺师为技术顾问，开展

品种展示、种苗供应、技术培训、技术咨询、产品营销等服务，带动周边2000多农户3000多亩茭白的生产及销售。合作社以绿色为起

点、市场为导向、科技为依托，注册"嵊玉"商标，实行统一生产模式、统一生产标准、统一良种、统一农业投入品使用、统一培训、统一购销茭白的"六统一"运作方式，2020年被评为浙江省"放心菜园"示范基地。

（二）生产销售

主栽品种：浙茭6号、浙茭7号、浙茭10号、浙茭911等。

产品销售：产品统一使用"嵊玉"商标，通过超市、批发市场、礼品包装、淘宝平台等方式销售，亩均产值2万元左右。

（三）负责人简介

汪江宁，1962年出生，高中学历。专业从事茭白种植30多年，先后获浙江省级农村科技示范户、绍兴市十佳农村优秀实用人才、绍兴市级农村科技示范户、绍兴市"十大创业创新先锋"候选人、绍兴市乡村振兴领雁人才、绍兴好人、嵊州市级农村科技示范户、嵊州市乡土人才等荣誉称号。

电话：13758533882

八、新昌县和谐农产品专业合作社

（一）基地概况

新昌县和谐农产品专业合作社成立于2014年，位于新昌县回山镇，集种养、加工、销售于一体，聘请了浙江省农业科学院王祥云助理研究员为技术顾问。现建有保鲜冷库108立方米，茭白与淡水鱼种养基地176亩，带动周边1500多亩种养基地的绿色生产及销售。合作社以绿色为起点、市场为导向、科技为依托、注册"越悠"商标，实行统一技术规程、统一质量标准、统一农资供应、统一使用商标、统一包装销售的"五统一"运作方式，2020年实施浙江省特色农产品质量安全风险管控（"一品一策"）专项项目，成为浙江省"一品一策"茭白质量安全示范基地。

（二）生产销售

主栽品种：美人茭、茄子、西瓜等。

种植模式："茭白－茄子／西瓜"轮作。

产品销售：统一使用"越悠"商标，通过绍兴市供销超市、世纪联华、电商平台、礼品包装等方式销售。

（三）负责人简介

梁定富，1967年出生，高中学历。从事茭白种植业16年，产品销往浙江、福建、江苏、安徽、上海等地，年销售量3000吨，销售额超过1500万元；先后被评为绍兴市"民间五星级人才"、新昌县乡土人才。

电话：13484363865

九、景宁茭稻田鱼养殖专业合作社

（一）基地情况

景宁茭稻田鱼养殖专业合作社成立于2011年，茭白产业基地位于海拔1030米的景宁畲族自治县大漈乡彭村，具有独特的高山小气候和自然原生态产地优势，素有"云中大漈"之美誉。基地面积275亩，严格按照绿色茭白标准规范种植，推广茭白套养泥鳅、麻鸭等生态种养模式，年产优质茭白500余吨。合作社集高山冷水茭白种植、休闲采收、种苗繁育和技术服务于一体，带动周边茭白产业可持续发展。

（二）生产销售

主栽品种：丽茭1号、金茭1号、美人茭。

种植模式：高山茭白，茭白套养泥鳅、麻鸭等。

产品销售：客商上门收购、旅游采摘等方式，亩产值约9000元。

（三）负责人简介

彭一东，1967年出生，中专学历，中共党员。2003年以来专业从事茭白生产、销售。2017年起任景宁县茭白产业农合联理事长，获"丽水中级农作师"荣誉称号、丽水市庄稼医生中级职业资格、景宁县优秀共产党员、景宁县"农民技师"、大漈乡农家乐工作推进先进个人。

电话：13587199273

十、磐安县皇门家庭农场

（一）基地概况

磐安县皇门家庭农场位于海拔 500 米的磐安县玉山镇林宅村，现有基地 130 亩，订单生产原生态茭白等农产品。2018 年以来，已成为磐安县茭白种苗提纯复壮基地，年销售种苗 70 万株以上。生产原生态茭白农产品、提供优良茭白种苗是皇门家庭农场一如既往的目标。

（二）生产销售

主栽品种：金茭 1 号、金茭 4 号、北京茭。

种植模式："单季茭白 - 水稻"轮作，薹管育苗、二段育苗。

产品销售：原生态产品点对点高端配送。

（三）负责人简介

胡竹康，1962年出生，中专学历。系磐安县科技示范户、科技村长，致力于优质农产品绿色高品质生产技术探索，在农技部门指导下开展茭白种苗提纯复壮、割茎再生等新技术试验示范工作。

电话：13665828259

十一、衢州市衢江区三霞家庭农场

（一）基地概况

衢州市衢江区三霞家庭农场成立于2013年，位于衢州市衢江区杜泽镇坎头村。农场处于万亩水生蔬菜产业园的核心区域，设有3000平方米大型茭白交易场地，是杜泽"美人腿"茭白专供点，注册了"泉水"茭白商标。农场现有茭白种植面积400余亩，同时示范推

广茭白田套养甲鱼、套养泥鳅等高效种养模式，促进多产业融合发展。农场系浙江省"放心菜园"示范基地、衢州市蔬菜标准园、衢州市示范性家庭农场。

（二）生产销售

主栽品种：浙茭6号、浙茭7号。

种植模式：大棚栽培、露地栽培。

产品销售：省内外客商进驻收购，省内外大型农贸市场批发销售。

（三）负责人简介

李泉水，1962年出生，高中学历。2003年以来专业种植茭白，对于推动衢州市茭白先进适用生产技术的示范应用、产业良性发展及促进本地富有劳动力就业做出了积极贡献，2019年度被评为衢州市农技土专家。

电话：15068961102

十二、浙江朝华生态农业有限公司

（一）基地概况

浙江朝华生态农业有限公司成立于2018年，前身为德清阿华茭白专业合作社，基地位于德清县舞阳街道双燕村和灯塔村，集生产、销售、冷链仓配一体化经营。公司基地面积1300亩，根据市场需求，科学布局早、中、晚茭白品种。公司建有保鲜冷库4500立方米，年保鲜茭白3200吨，注册品牌"洼娃"。公司坚持外抓产品订单联市场，内抓合作服务联农户，自抓精细经营增效益的经营理念，探索出一套茭白产业化经营模式，带动周边市县茭白产业发展。公司茭白生产基地是浙江省全产业链质量安全风险管控示范基地、省级"放心菜园"示范基地、省级茭白病虫害绿色防控示范区、农合联对口支援（扶贫）基地。

（二）生产销售

主栽品种：浙茭3号、浙茭7号、龙茭2号、余茭4号等。

种植模式：大棚双膜栽培、地膜覆盖栽培和露地栽培。

产品销售：订单种植，集中储藏保鲜，集中批发销售。

（三）负责人简介

姚军华，1973年出生，大专学历。2005年以来从事茭白生产和销售，先后获浙江省东西部扶贫协作社会责任奖先进个人、省级基层农业技术推广"万向奖"先进个人、南太湖本土高层次乡村振兴领军人才、美丽乡村领军人才、全省百强农产品经纪人等光荣称号。

电话：13706825017

参考文献

陈贵, 赵国华, 赵红梅, 等. 沼液浇灌对茭白氮磷钾养分吸收特性的影响[J]. 浙江农业学报, 2016, 28(3): 474-481.

陈加多, 张国洪, 张红娟. 茭白-茄子水旱轮作生态种植及配套技术[J]. 长江蔬菜, 2013, (18): 160-161.

陈可可, 张尚法, 杨梦飞, 等. 化肥减量配施有机肥对秋季茭白产量及品质的影响[J]. 长江蔬菜, 2019, (24): 30-33.

陈建明, 邓曹仁, 等. 茭白稳产高效绿色生产技术[M]. 北京: 中国农业出版社, 2017.

陈建明, 丁新天, 潘远勇, 等. 4种杀菌剂对茭白锈病的防效[J]. 浙江农业科学, 2013, (11): 1463-1465.

陈建明, 庞英华, 张珏锋, 等. 双季茭白节水灌溉栽培技术规程[J]. 浙江农业科学, 2015, 56(4): 474-475.

陈建明, 张珏锋, 钟海英, 等. 我国茭白有害生物防治新技术研究与应用[J]. 浙江农业科学, 2016, 57(10): 1609-1612

陈建明, 周锦连, 王来亮. 茭白病虫草害识别与生态控制[M]. 北京: 中国农业出版社, 2016.

陈建明, 邓曹仁. 茭白稳产高效绿色生产技术(彩图版)[M]. 北京: 中国农业出版社, 2017.

程立宝, 尹静静, 陈学好, 等. 茭白高效栽培模式与技术[J]. 长江蔬菜, 2012, (16): 85-87.

邓曹仁, 郑春龙, 祝财兴, 等. 茭白田养鱼和养鸭生产技术模式的探讨[J]. 浙江农业学报, 2003, 15（3）: 205-208.

邓建平, 张敬泽, 胡美华. 缙云县大洋镇茭白锈病发生规律与防治[J]. 长江蔬菜, 2015, （17）: 51-53.

邓建平, 徐蝉, 张晓焕, 等. 氮肥不同用量对茭白生长及产量的影响[J]. 长江蔬菜, 2015（22）: 105-108.

何建清. 丽水农作制度创新与实践[M]. 北京: 中国农业出版社, 2010.

何圣米, 胡齐赞, 王来亮, 等. 大棚茭白套种苦瓜高效种植模式[J]. 浙江农业科学, 2016, 57（10）: 1625-1626.

胡美华, 杨凤丽, 俞朝, 等. 茭白田套养甲鱼模式效益高[J]. 长江蔬菜, 2016, （3）: 38-40.

胡美华. 茭白全程标准化操作手册[M]. 杭州: 浙江科学技术出版社, 2014.

黄来春, 钟兰, 周凯, 等. 茭白-鱼种养结合技术[J]. 长江蔬菜, 2015, （22）: 140-142.

柯卫东, 王振忠, 董文. 水生蔬菜丰产性技术[M]. 北京: 中国农业科学技术出版社, 2015.

刘庭付, 丁潮洪, 李汉美, 等. 双季茭白-荸荠-早春毛豆水旱轮作高效栽培模式[J]. 长江蔬菜, 2012, （16）: 72-73.

马雅敏, 王来亮, 邓曹仁, 等. 杀菌剂对茭白胡麻叶斑病防治效果[J]. 长江蔬菜, 2015, （22）: 175-176.

寿森炎, 姜芳, 陈可可. 浙江设施茭白栽培技术综述与发展趋势[J]. 长江蔬菜, 2009, （16）: 102-103.

宋光同, 丁凤琴. 茭白-克氏原螯虾生态共作技术[J]. 科学养鱼, 2011, （2）: 24-26.

唐涛, 符伟, 王培, 等. 不同类型杀虫剂对水稻二化螟和稻纵卷叶螟的田间防治效果评价[J]. 植物保护, 2016, 42（3）: 222-228.

陶福英, 周东海. 茭白-水芹菜套种高效栽培技术[J]. 上海农业科技, 2015, (6): 127, 157.

童志耿, 谈灵珍. 茭白田套养泥鳅试验小结[J]. 科学养鱼, 2014, (7): 38-39.

王来亮, 陈金华, 陈建明, 等. 缙云县茭白种植模式的探索与综合应用[J]. 浙江农业科学, 2015, 56(4): 293-296.

王来亮, 陈金华, 丁潮洪, 等. 大棚茭白套种丝瓜立体高效种植模式[J]. 长江蔬菜, 2015, (13): 25-27.

王守江, 张家宏, 寇祥明, 等. 茭白-克氏原螯虾工作生产技术规程[J]. 江苏农业科学, 2011, 39(6): 383-384.

王桂英, 丁国强. 茭白绿色生产技术[M]. 北京: 中国农业科学技术出版社, 2019.

王新全, 王祥云. 茭白全产业链质量安全风险管控手册[M]. 北京: 中国农业出版社, 2019.

吴旭江, 吕文君, 陈银根. 茭鸭共育模式的经济效益和技术要点[J]. 浙江农业科学, 2014, 55(8): 1268-1270.

姚良洪, 沈卫林, 张永根. 桐乡市茭白田养鸭效益分析与技术要点[J]. 浙江农业科学, 2016, 57(10): 1633-1634.

姚良洪, 张永根, 曹亮亮, 等. 董家茭白大棚设施栽培技术[J]. 浙江农业科学, 2016, 57(10): 1657-1658.

俞朝. 双季茭白套养中华鳖新型生态高效栽培技术[J]. 长江蔬菜, 2015, (22): 126-128.

袁名安, 郑寨生, 张尚法, 等. 金华市水生蔬菜品种选育及高效栽培技术的研究进展[J]. 浙江农业科学, 2016, 57(10): 1603-1606.

张珏锋, 陈建明, 何月平. 8种杀虫剂对茭白长绿飞虱的生物活性[J]. 浙江农业科学, 2016, 57(10): 1673-1675.

张珏锋, 陈建明, 钟海英, 等. 不同灌溉方式对双季茭白(秋茭)营养品质的影响[J]. 浙江农业科学, 2016, 57(10): 1661-1664.

张尚法, 叶自新. 水生蔬菜栽培新技术[M]. 杭州: 杭州出版社, 2013.

张尚法, 郑寨生, 张雷, 等. 不同栽培模式对夏茭生长发育及效益的影响[J]. 安徽农业科学, 2014, 42（28）: 9693-9695.

张尚法, 郑寨生, 杨梦飞, 等. 种茎割除时间对双季茭白秋茭产量及商品性的影响[J]. 长江蔬菜, 2015,（22）: 102-104.

张尚法, 郑寨生, 寿森炎, 等. 浙江省茭白品种选育工作的回顾[J]. 长江蔬菜, 2017,（18）: 89-91.

张尚法, 郑寨生, 杨梦飞, 等. 持续低温连阴雨天气, 双季茭白如何管理?[J]. 长江蔬菜, 2019,（7）: 39-41.

张瑛, 张永泰, 惠飞虎, 等. 西瓜-茭白-莲藕-水芹2年5熟水旱轮作高效栽培及效益分析[J]. 江苏农业科学, 2014, 42（7）: 173-174.

张瑛, 张永泰, 惠飞虎, 等. 西瓜 茭白-慈姑2年4熟水旱轮作设施高效种植模式[J]. 中国瓜菜, 2011, 24（6）: 62-64.

钟海英, 张珏锋, 陈建明, 等. 10种颜色粘虫板对茭白长绿飞虱诱杀效果比较[J]. 浙江农业科学, 2016, 57（10）:1642-1643, 1652.

钟兰, 刘义满, 李双梅, 等. 湖北地区茭白主要病虫害防治技术[J]. 长江蔬菜, 2015,（22）: 210-211.

周杨. 茭白不同育苗繁殖技术及其特点[J]. 浙江农业科学, 2016, 57（10）: 1639-1641.

周祖法, 闫静. 利用茭白叶栽培大球盖菇的配方筛选与菌株比较试验初报[J]. 浙江大学学报（农业与生命科学版）, 2013, 40（3）: 293-296.

朱徐燕, 沈建国, 庞英华, 等. 茭白配方专用肥肥效比较试验[J]. 中国园艺文摘, 2013,（5）: 18-20.

FULU

附 录

　　附录收录了台州市黄岩区双季茭白安全生产模式表和双季茭白高效消纳沼液关键技术模式表，方便茭农学习参考。

附录1　台州市黄岩区双季茭白安全生产模式表

时期

台州市黄岩区农技推广中心编制2020年

附录2　双季茭白高效消纳沼液关键技术模式表

月份	6月	7月	8—9月	10—11月	12—1月	2月	3月	4—5月
农事操作	育苗、土壤培肥	翻耕种植	促蘖控蘖、施用沼液、病虫防治	孕茭采收	休眠清茬、覆膜	揭膜、施沼液	控蘖促长、病虫防治	孕茭采收
图示								
管理要点	①二次育苗，带药移栽；②检查田埂，监测沼液，灌溉40吨/亩	①翻耕备用；②适时移栽，要求带叶、深水，下午割苗；③时种植，密度为1米×0.4~0.5米；复合肥20千克/亩	①形成4~5个分蘖后去除主茎；②及时灌溉沼液，10吨/亩；③病虫综合防控，农业综合防治，分蘖盛期防治主要病害1次	①保持5~10厘米浅水，提高茭白品质；②采收1次后，每亩施用碳酸氢铵20千克	①12月下旬及时割茬，秸秆综合利用，施用复合肥30千克；②1月中旬盖膜，控制温湿度	①茭白苗高达到25厘米后及时揭地膜，并于适时揭用；②间隔半个月/亩，灌溉沼液10吨/亩，复合肥20千克	①苗高40厘米间苗，每墩留25株壮苗，1周后留20株苗，并于适时揭用；②病虫综合防治，定苗后防治主要病虫害1次	70%茭墩孕茭，并采收1次后，施用复合肥20千克，每亩复合肥20千克

后　记

　　本书从筹划至出版历时一年之久，在浙江省有关茭白生产企业和基层农技推广部门的支持下，经数次修改完善，最终定稿。本书在编撰过程中，得到了浙江省农学会的大力帮助，相关专家对书稿进行了认真审阅，特别是金华市农业科学研究院院长郑寨生研究员、浙江省农业科学院陈建明研究员在百忙之中对书稿进行了仔细审阅和修改，在此表示衷心的感谢！

　　本书得到了"'十四五'浙江省农业（蔬菜）新品种选育重大科技专项""农业农村部农业重大技术协同推广计划——茭白良种繁育及绿色高效生产关键技术研究与示范应用"项目技术的资助。

　　由于编者水平所限，书中难免有不妥之处，敬请广大读者提出宝贵意见，以便进一步修订和完善。